辣椒优质高效栽培技术

主　　编　刘发万　杨　谨

副 主 编　沙毓沧　徐兴才

参编人员　秦　荣　李卫芬　李　帆　龙荣华

　　　　　张丽琴　罗绍康　王跃强　张永虎

　　　　　朱成惠　苏　俊　白春兰

U0363651

云南出版集团公司

云南科技出版社

·昆　明·

图书在版编目（ＣＩＰ）数据

辣椒优质高效栽培技术／刘发万，杨谨主编. －－昆明：云南科技出版社，2018．3

ISBN 978－7－5416－9596－4

Ⅰ．①辣… Ⅱ．①刘… ②杨… Ⅲ．①辣椒－蔬菜园艺 Ⅳ．①S641．3

中国版本图书馆 CIP 数据核字（2018）第 055881 号

责任编辑：李凌雁
　　　　　杨志能
封面设计：晓　晴
责任校对：张舒园
责任印制：翟　苑

云南出版集团公司
云南科技出版社出版发行
（昆明市环城西路 609 号云南新闻出版大楼　邮政编码：650034）
昆明市五华区理煋教育印务有限公司印刷　全国新华书店经销
开本：889mm×1194mm　1/32　印张：2.875　字数：72 千字
2018 年 5 月第 1 版　2018 年 5 月第 1 次印刷
定价：18.00 元

序　言

云南作为全国辣椒主要种植区之一，年辣椒种植面积已逾150万亩，特殊复杂的地形地貌和丰富的自然气候条件，孕育了云南丰富的辣椒栽培品种，其多样性依果形可分为短指形的小米辣、朝天椒，长指形的丘北干椒，灯笼形的彩椒，圆锥形的甜椒，牛角形的菜椒，樱桃形的五彩椒及果面皱的皱皮辣等。

本书系作者结合20多年的辣椒科研成果和实践经验编写，在介绍辣椒的形态特征、生长习性、对环境条件的要求等基础上，重点介绍了辣椒育苗技术，露地干制辣椒、小米辣及朝天椒、大棚辣椒栽培技术，以及辣椒病虫害及其综合防治技术。本书内容深入浅出，可供基层科技人员、椒农阅读参考。

《辣椒优质高效栽培技术》由云南省农业科学院园艺作物研究所和云南省农业科学院经济作物研究所协同云南省标准化协会主持编写，并得到了其他科研、教学和生产单位的大力支持。

辣椒病虫害图

辣椒猝倒病

辣椒立枯病

辣椒立枯病

辣椒炭疽病

辣椒炭疽病（病叶）

辣椒炭疽病（病果）

辣椒病毒病

辣椒病毒病（病叶）

辣椒病毒病（病果）

辣椒疫病

辣椒疫病（病叶）

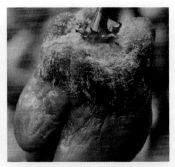
辣椒疫病（病果）

辣椒疫病（大田）

辣椒白粉病

辣椒白粉病

蚜虫

蚜虫

蚜虫

蓟马

蓟马

蓟马

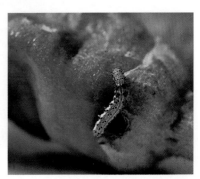

烟青虫危害果实

棉铃虫

棉铃虫危害果实

目　录

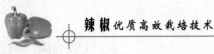

第一章　辣椒的基础知识

一、辣椒的植物学分类和品种

辣椒（*Capsicum annuum* Linn.）为茄科（Solanacea.）辣椒属（*Capsicum*）一年生或多年生草本植物，染色体数 $2n = 2x = 24$。辣椒起源于美洲，1493 年传到欧洲，1583—1598 年传入日本。传入中国的途径：一经陆路，在甘肃、陕西等地种植；二经海路，在广东、广西、云南等地种植。中国关于辣椒的记载始于明代高镰撰《遵生八笺》（1591 年），有："番椒丛生，白花，果似秃笔头，味辣色红，甚可观"的描述。中国于 20 世纪 70 年代在云南西双版纳原始森林里发现有野生型的"小米辣"。辣椒自北非经阿拉伯、中亚传至东南亚各国及中国。中国的西北、西南、中南、华南各省均普遍栽培辣椒，形成世界有名的"辣带"（中国农业百科全书，1990）。

林奈（1753）首先把辣椒分为两类：*Capsicum annuum* L. 一年生椒、*Capsicum furetescens* L. 灌木状椒。

伊利希（Irish，1898）在林奈（1753）的分类基础上将一年生辣椒分为 7 个变种。贝利（L. H. Bailey，1923）

1

在林奈（Linnaeus，1753）和伊利希（Irish，1898）分类的基础上将辣椒分为 5 个变种：①樱桃椒类（*var. cerasiformer. Bailye*）：叶中等大小、圆形、卵圆或椭圆形，果小如樱桃，圆形或扁圆形。呈红、黄、微紫色，辣味甚强。制干辣椒或供观赏。如四川成都扣子椒、五色椒等。②圆锥椒类（*var. conoides. Bailey*）：与樱桃椒类似，植株矮；但果实为圆锥形或圆筒形，多向上生长，味辣。如广东仓平的鸡心椒。③簇生椒类〔*var. fasciculatum（Sturt.）Bailey*〕：叶狭长，果实簇生、向上生长。果色深红，果肉薄，辣味甚强，油分高，多作干辣椒栽培。晚熟，耐热，抗病毒能力强，如四川七星椒等。④长椒类（*var. longum Bailey*）：株型矮小至高大，分枝性强，叶片较小或中等，果实一般下垂，为长角形，先端尖，微弯曲，似牛角、羊角、线形。果肉薄或厚。肉薄、辛辣味浓供干制、腌渍或制辣酱，如陕西的大角椒；肉厚，辛辣味适中的供鲜食，如长沙牛角椒等。⑤灯笼椒类（*var. grossum Bailey*）：分枝性较弱，叶片和果实均较大。根据辣椒的生长分枝习性，也可分为无限生长类型、有限生长类型和部分有限生长类型。我国目前的教科书采用贝利的分类法（邹学校，2002）。

Hunziker（1956）把辣椒属划分为 22 个野生种和 5 个栽培种。pickersgill（1979）详细研究辣椒属的进化后，依据形态特征和属内杂交的亲和性，确认辣椒属由 5 个栽培种和尚未能确定具体数目的野生种组成，还证明所有栽培种和野生种亲缘近似。国际植物遗传资源委员会（BIPGR，1983）确定的辣椒栽培种有 5 个：

Capsicum annuum L.

Capsicum chinense Jacquin

Capsicum frutescens L.

Capsicum baccatum L.

Capsicum pubescens Ruiz&Pav. Cposieumannuun L.

Eshbaugh（1993）把辣椒属划分为 25 个种，其中 4 个栽培种，认为 *Capsicum annuum* L. 和 *Capsicum frutescens.* 实际是一个种。在 4 个栽培种中 *Capsicum annuum* L. 是分化最多、栽培最广泛的一个种，核型分析确认它起源于墨西哥，现在绝大部分的墨西哥辣椒、亚洲和非洲的辣椒以及甜椒等都属于此类。*Capsicum chinense* Jacquin 是亚马逊地区栽培最广泛的一个种，果实辣味强，香味浓，它包括 *ScotchBonnet* 和 *Habanero* 两种类型。

Capsicum baccatum L. 起源于秘鲁和玻利维亚，主要分布于拉丁美洲，绝大部分安第斯山脉地区的辣椒都属于 *Capsicum baccatum* L. 它既可鲜食，也可干制。

C. annuum、*C. chinense* 和 *C. baccatum* 起源于共同的祖先，而 *Capsicum pubescens* 有着完全不同的遗传背景（*Pickersgi*，1971），生长在安第斯山脉中高部，喜冷凉，生长期长，果肉鲜嫩、不耐贮藏。*Ruiz and Pavon* 在 1794 年首次描述了这个种，直到 20 世纪 80 年代才引起人们的注意（*Eshbaugh* 1979，1982，1993），形态学特征与其他栽培种

不同，花冠紫色或白中有紫，种子褐色或黑色。与 *C. pubescen*、亲缘关系极近的野生种是 *C. eximium*（*Bolivia and northern Argentina*），*C. cardenasii*（*Bolivia*），and *C. tovarii*（*Peru*）。

二、辣椒的生长习性

辣椒在热带和亚热带地区可多年生或为小灌木，在温带地区则为一年生草本植物，遇霜冻后即枯死。

1. 根

在茄果类蔬菜中与番茄、茄子相比，辣椒的根系较细弱，入土较浅，根量小。而且辣椒根系的木栓化程度高，因而恢复能力差，根系再生力弱，茎基部不易产生不定根。生产上要注意通过土壤耕作等措施培育根系；宜采用穴盘漂浮育苗，浅中耕，以保护根系。

在疏松的土壤里，辣椒主根入土可深达 40~50 厘米。育苗移栽的辣椒，主根被切断，从残存的主根上和根茎部长出许多侧根，尤其是二级侧根多。整个根系是随同子叶的方向，向两侧发展。主要根群分布于 10~20 厘米土层中。

Jones and Rosa 对辣椒根系的研究认为，当辣椒花芽出现时，根系布满植株四周 46 厘米宽及 30 厘米深的土壤中。当植株进入成株期，其侧根已分布于 91 厘米深处，平行生长的侧根也转向下达 61 厘米至 91 厘米深的土壤中，有的根深达 90~122 厘米。

2. 茎

辣椒茎直立，基部木质化，较坚韧；上部半木质化，空心。表皮黄绿色，绿色，或紫色，有紫色或深绿色纵纹。少数品种茎的分枝上着生茸毛。主茎高30~150厘米，因变种、品种不同而有差异。

茎的分枝很规则，一般为双叉分枝，也有三叉分枝。每一分叉处都着生一朵或多朵花。所以一般分枝性强，节间短而密的品种丰产性好。一般小果型品种分枝多，开展度大，如云南小米辣就有20~30个分枝；大果型品种分枝少，开展度小，如甜椒仅几个分枝。

同一植株上，分枝着生的角度不同，其生长和结实性能也有差异。角度小于60度的叫水平侧枝；大于60度的叫垂直分枝。水平侧枝着生节位低，开花结果较早，生长速度及生长量小，不会造成徒长，与单株结果性能成正相关。保留水平枝不仅可提高早熟性，也能增产。垂直侧枝除受品种遗传因素控制外，还受密度、氮肥等环境条件的影响。氮肥多、过密则垂直枝多，会徒长落花，应除去过多的垂直分枝。对于主要是垂直分枝的植株高大的中晚熟品种，如小米辣、朝天椒等应适当稀植，并除去部分垂直分枝，乃丰产的关键。分枝着生位置不同，其开花、结果期差异较大。靠近地面的侧枝比远离地面的侧枝，花芽分化晚。植株基部枝开花坐果晚，其开花期与门椒以上四次或五次分枝的开花大致相同。因此生产上一般将第一分叉以下的基部侧枝尽早摘除，有利于上部侧枝结果。但有的品种基部侧枝开花坐果较早，所以不必摘除。

辣椒的分枝结果习性，又可分为无限分枝和有限分两种类型。①无限分枝型：当主茎长到4～15片叶时，顶芽分为花芽，由其下2～3叶节的腋芽抽生出生长势大致相当的2个侧枝，花（果实）着生在分叉处。各个侧枝又不断依次分枝、开花。这一类型的辣椒，在生长季节可无限分枝，一般株型较大。绝大多数栽培品种均属此类。②有限分枝：当主茎生长一定叶数后，顶芽分化出簇生的多个花芽，由花簇下面的腋芽生出分枝，分枝的叶腋还可抽生副侧枝。在侧枝和副侧枝的顶端形成花簇，然后封顶，此后植株不再分枝。这一类型的辣椒由于分枝有限，通常株型较矮。多数簇生椒属此类。

3. 叶

辣椒幼苗出土后最早出现的两枚对生而偏长形叶叫子叶。子叶绿色，宽披针形。以后长出的叶面积较大而互生的叶叫真叶。真叶展开前，幼苗主要靠种子中贮藏的养分和子叶进行光合作用制造的养分而生存。种子不饱满，则子叶弱畸形。当苗床水分不足，子叶不舒展；水分过多，或床温过低，或光照不足，则子叶发黄，提前凋萎。在良好的育苗条件下，子叶在茎秆上能健壮生长。子叶生长的状况是判断幼苗健壮与否的标志之一。

辣椒的真叶为单叶，在茎上按2/5的叶序互生，卵圆形、披针形或椭圆形，全缘，先端尖，叶面光滑。叶长一般5～15厘米，宽1.5～3厘米。叶色因品种不同而有深浅之别。叶色深绿的则叶绿色含量高、同化能力强。辣椒叶片较小，蒸发孔少，这是它比较耐旱的特征。叶形、叶色、叶片大小、厚薄随生育条件而变化。如果昼夜温度偏低，叶片则狭小，色淡黄，叶柄短而叶片下垂；昼夜温度偏高，叶柄长、叶大而薄，色淡绿，昼温较高，夜温较低，叶柄适中，叶片肥大、厚实，叶色绿而有光泽。这说明较低的夜温有利于养分积累。土壤干燥少水、叶片窄小，叶色深，叶柄弯曲，叶片下垂，土壤水分适宜时，则叶片宽大，叶肉肥厚，深绿色；土壤水分过多时，叶柄撑开而整个叶片下垂。如果肥料过多，或叶面喷肥过浓，叶片生长受抑制，叶面皱缩，心叶变细长，甚至呈线状类似病毒病。氮肥不足，叶片发黄，叶肉薄。氮、磷营养良好时，甜椒叶片成尖端长的三角形。

4. 花

辣椒的花较小，为完全花。花的结构分为：花萼、花冠、雄蕊、

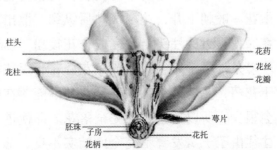

雌蕊，基部有花柄与果枝相连接，多数辣椒品种的花单生，少数簇生。一般当主茎分化出 4 ~ 15 片叶时，顶芽分化为花芽，形成第一朵花。其下的侧芽抽出分枝，侧枝顶芽又分化为花芽。以后每一分叉处着生一朵花。第一朵花着生节位的高低与品种熟性密切相关。一般早熟品种 4 ~

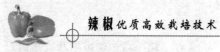

11 节分叉生花，中晚熟品种第一朵着生 11～15 节。有的辣椒变种，在主茎第 8～12 节处丛生数朵花。

①花萼：花萼基部连成萼筒，呈钟形，浅绿色，先端 5～6 齿较短、小，位于花冠外的基部。其作用是保护蕾果，并能进行光合作用制造养分供给蕾果。

②花冠：花冠由 5～7 枚花瓣组成，基部合生，与雄蕊的基部相连结，呈乳白色、紫色或浅黄色。花冠基部有蜜腺，具保护和吸引昆虫的作用。开花 1～2 天后，花冠便慢慢萎蔫，4～5 天随着子房生长而逐渐脱落。

③雄蕊：有 5～7 枚，由花丝和顶部膨大的花药组成。花丝细长白色或淡紫色，花药长卵形、淡紫色。每个花药有两个药室，内有花粉。雄蕊围生于雌蕊外面，与雌蕊的柱头平齐或柱头略高于花药，称为正常花或长花柱花。辣椒花一般朝下开，花药成熟后纵裂，散出微黄色花粉，落在靠得很近的柱头上，完成自花授粉。当营养状况不良或环境条件异常时，则形成短花柱花，短花柱花由于柱头低于花药，花药开裂时大部分花粉不能落在柱头上，授粉机会很少，所以通常几乎完全落花。即使进行人工授粉，也往往由于子房发育不完全而结实不良，落花，因此生产上应尽量减少短花柱花的出现。

④雌蕊：由柱头、花柱、和子房三部分组成。花柱白色或紫色，位于中央，顶端为柱头。柱头上有刺状隆起，成熟的花柱头上还分泌黏液，便于粘着花粉。花柱和柱头有 2～4 条纵脊沟，其数目与子房心室相等。子房有 2～4

8

个心室，上位子房。外界条件适宜时，授粉后花粉萌发，花粉管通过花柱到达子房，完成受精，精卵细胞结合，形成种子。与此同时子房发育膨大成果实。

5. 果实

由于辣椒的分枝、花的着生比较规律，所以一般将主茎先端着生的果实叫门椒，一次侧枝上着生的果实叫对椒，再往上依次叫四母斗、八面风、满天星。辣椒果实属浆果，由肉质化的果皮和胎座等组成果皮与胎座之间是一个空腔，由隔膜连着胎座，把空腔分为2个（多数辣椒）或3~4个（甜椒）心室。主要食用部位是果皮，俗称是果肉。果肉厚度是辣椒的一项品质指标。一般果肉厚0.1~0.8厘米。辣椒的果形分为方灯笼形、长灯笼形、扁圆形、牛角形、羊角形、线形、长圆锥形、短圆锥形、长指形、短指形、樱桃形及簇生椒。

三、辣椒对水肥的需求特点

由于辣椒原产于热带雨淋气候环境，在其系统发育和个体发育过程中，又受人类栽培驯化的影响，形成了喜温而不耐热、喜光而又耐弱光、怕涝而又比其他茄果类作物耐旱的特点，对水肥的需求如下：

1. 温度

辣椒喜温，不耐寒，怕霜冻，也不耐热。种子发芽适宜温度为25~30℃，低于15℃发芽缓慢，10℃以下不能发芽。幼苗生长适宜的日温为25℃左右，夜温为15~20℃。

在 15℃以下花芽分化受到抑制。生长健壮的秧苗，能忍受0℃左右的低温而不受冻害。开花期，气温低于 15℃受精不良，易落花。10℃以下，花药不开裂，不能授粉受精，全部落花，少数单性结实的果变成僵果。结果期白天适温25~30℃，夜间 18~20℃。温度高于 35℃，花粉变态或不孕，不能受精而落花。

不同辣椒品种对温度的要求也有较大差异。果肉厚的大果型品种不如果肉薄的小果型品种耐热。一般早熟品种较耐寒，而中晚熟品种较耐热。

2. 水分

辣椒怕涝，不耐渍。土壤水分过多易发生沤根，造成萎蔫死秧。辣椒有一定的耐旱能力。一般大果型品种需水量较多，小果型品种较耐旱，幼苗期需水较少，要适当控水，以利发根，防止苗徒长。开花挂果期需要充足的水分。如果缺水，果实膨大缓慢，果面皱缩、弯曲，色泽暗淡，影响产量和品质。辣椒喜土壤适度湿润而空气较干燥的环境。这种环境条件下辣椒生长结果良好，病害轻，辣椒品质好，易获得高产。适宜辣椒的空气相对湿度为60%~80%。过干、过湿则妨碍授粉受精，引起落花落果。空气湿度大还会加重病害发生。

3. 土壤

辣椒对土壤要求不太严格，壤土、黏质土、沙质土、红黄壤土均可栽培。但以肥沃、通透性好的沙壤土最适宜。尤其是肉质较厚的灯笼椒、牛角椒等大果型品种，最好选这类土壤种植。而小果型品种在较贫瘠、干旱的山地也可栽培。适宜辣椒生长的土壤酸碱度为微酸性或中性，pH 为 6.2～7.0。在土壤呈酸性且高湿的情况下，易发生青枯病和疫病。

4. 肥料

辣椒对土壤营养有较高的要求，吸肥量较大。在辣椒整个生长周期，氮素对辣椒的营养生长和生殖分化有重要作用。缺少氮植株矮小，花芽分化和开花期延迟、花少、花的质量差，易落花。缺氮对辣椒生长结实的影响最大，氮素供应水平与产量关系最密切。而一般大果型品种比小果型品种需要氮肥更多。磷主要影响辣椒根系生长和花芽分化。磷不足，辣椒花形成迟缓，开花也晚，花数减少，并形成不能结实的不良花。钾对辣椒而言，可称为"果肥"，对果实膨大有直接影响，显著影响单果平均重量。同时也影响茎叶、特别是茎秆的正常生长。钙也是辣椒大量需要的一种营养元素。它有助于植物细胞壁的成长，并能中和植物代谢产生的有毒物质，对其他营养元素起调节作用。如果缺钙，成熟的辣椒会出现果实尖端腐烂现象。辣椒缺钾、缺钙可综合表现为一种生理病害——"叶烧病"。主要症状是：植株较矮小，距根部较远的分枝上部的功能叶叶尖和叶缘产生黄褐色不规则的"病斑"，叶尖干枯，呈火烧状，叶片上卷，近叶缘的叶脉间病斑向内扩展。新叶及花蕾停止生长，甚至整株叶片脱落。除需要大量营养元素之外，辣椒对硼等微量元素也比较敏感，辣椒

11

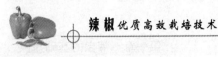

硼素营养的临界期在现蕾前后。若缺硼，则根系生长差，根的木质部变黑腐烂，叶色发黄，新叶生长慢，叶柄上产生肿胀环带，阻碍养分运输，花期延迟，花而不实，产量降低。在花期，根外喷硼有较好的增产效果。

第二章 云南辣椒生产概述

一、云南辣椒栽培种类

云南地处低纬度高原地区，地形地貌复杂，海拔高差大，气候类型多样，特殊复杂的地形地貌和丰富的自然气候条件，孕育了云南辣椒栽培品种的多样性，辣椒在我省的栽培种类因各地气候而异，从海拔 50m 的河口到海拔3300m 的香格里拉均有辣椒的栽培，依果形可分为短指形的小米辣、朝天椒，长指形的丘北干椒，灯笼形的彩椒，圆锥形的甜椒，牛角形的菜椒，樱桃形的五彩椒及果面皱的皱皮辣；按果实大小分有单果重近 200g 的灯笼形彩辣，也有单果重仅 0.15g 的小米辣；按品质风味不同分有肉厚、味甜、无辣味的黄灯笼辣椒，有香辣味浓、油分含量高的著名出口干椒品种丘北小辣椒，以及辣味不强、果皮软薄、品质风味极佳的皱皮辣，还有一种辣味很强（辣椒素含量高达 3.54%）不能直接食用的涮涮辣。

二、云南辣椒栽培分布情况与现状

云南是全国辣椒主要种植区之一，每年辣椒种植面积150 余万亩，其中露地辣椒栽培面积 110 万亩，白壳小米

13

辣种植面积近 50 万亩,朝天椒面积近 50 万亩,丘北小辣椒面积近 30 万亩;设施辣椒栽培面积 15 万亩,彩色甜椒面积近 5 万亩,菜用型辣椒面积近 10 万亩。辣椒栽培主要集中在文山、红河、曲靖、昭通、保山、昆明等地。

1. 小米辣

栽培集中分布于砚山、丘北、建水、石屏、巧家、景洪、保山等地。生长势强,株高 150～200cm,开展度 90～150cm,茎叶绿色,叶较小,果短指形,果长 3.0～8.0cm,宽 0.8～1.0cm,单果重 2.0～3.5g,果面光滑或微皱,果肉薄,辣味浓,红熟果橘红色。

2. 朝天椒

栽培集中分布于砚山、丘北、建水、石屏、巧家、景洪、昆明、保山等地。生长势强,株高 120～150cm,开展度 60～120cm,茎叶深绿色,叶较小,果短指形,果长 3.0～12cm,宽 0.8～1.0cm,单果重 2.0～5.0g,果面光滑,果肉薄,辣味浓,红熟果鲜红色。

3. 丘北小椒

主产丘北、砚山、文山县、会泽等地,是我省著名的外销干椒品种。植株生长势较强,株高 55～70cm,开展度 60～75cm,果面光滑,绿熟果绿色,红熟果深红色,挂果多,香辣,果长 8～12cm,宽 0.8～1cm,单果重 5.0～8.0g。

4. 红甜椒类型

分布于昆明、开远等地,植株生长势较强,株高 60cm,果圆筒形或圆柱形,果柄粗,果有纵沟,果长 9～

13cm，宽5~7cm，肉厚味甜，皮较厚，单果重60~100g，绿熟果浅黄绿色，红熟果深红色，也有橘黄色的，较抗病。

5. 菜用牛角辣类型

主产昆明、昭通、红河、保山等地。生长势较强，植株高大，株高60~70cm，开展度70~90cm，叶绿色，果单生向下，果长牛角形，长15~20cm，宽4~6cm，单果重60~100g，果肉厚，肉质脆，味甜辣，红熟果鲜红色，晚熟，产量较高，耐寒。

6. 羊角椒类型

我省多数地区均有栽培。品种类型多，生长势强，株高90~120cm，开展度60~90cm，果羊角形，长18~27cm，宽1.5~3cm，单果重20~30g，红熟果大红色，果面有皱褶和浅沟，果肉辣味不强，较耐湿热，抗旱力较强。

7. 皱皮辣类型

分布于昆明、个旧、宜良、通海、建水等地，是昆明主栽的鲜椒品种。生长势较强，株高60~75cm，开展度50cm左右，果单生向下，果形有圆锥形、小灯笼形、纺锤形，果面皱褶多呈螺旋状，也有皱褶较少的，绿熟果绿色、黄绿色，果长5~8cm，宽2~4cm，红熟果深红色或大红色，单果重12~20g，果皮薄软，果肉辣甜。较耐旱、耐寒。

8. 涮涮辣

分布于瑞丽、普洱、元江等地，是我省辣味最强的一种辣椒，因其辣椒素含量高（3.54%）而出名。植株生长势中等，株高 50～70cm，分枝少，叶片大，绿色，光滑，花冠淡黄绿色，果顶向下，果圆锥形或小灯笼形，绿熟果绿色，红熟果鲜红色，果长 5～8cm，宽 2～3cm，单果重 5～6g，种子少，果肉辣味极强，不能直接食用。

三、云南辣椒生产的优势与不足

1. 云南发展辣椒产业的优势

发展辣椒产业，云南有明显的优势：一是长期以来，云南人有栽种辣椒和爱吃辣椒的习惯，辣椒栽培分布广、消费量大；二是具有独特的立体气候条件，一年四季均可种植辣椒，鲜椒上市时间每年长达 10 个月以上，有利于商品辣椒的生产和深加工；三是云南有丰富的辣椒资源，并且拥有很多独特稀有的辣椒资源，如丘北小辣椒、涮涮辣、大树辣、小米辣等；四是具有独特的区位优势，中国与东盟自由贸易区的建立，使云南成为中国与东盟自由贸易区中最积极、最活跃的地区之一。辣椒已成为云南在国际农产品贸易中参与竞争的一个优势作物，具有较强的对外竞争优势，辣椒产业也是吸引国外资本与技术的一个新领域。

2. 云南辣椒产业发展的不足

目前我省辣椒产业的发展水平与发达国家和地区相比还有相当的差距，如欧美、韩国、日本在辣椒产业的种植、加工、科研等诸多方面均十分完善，相关产品已多达200 多种，中国其他地区已产生了一批有影响力的区域品牌产品，如前面提到的贵阳南明的"老干妈"、河南驻马店的"王守义十三香"、湖南的"辣之源"、重庆涪陵的"辣妹子"等。而我省辣椒产业大多数还停留在原料型、菜用型阶段，加工以家庭作坊式居多，规模小，工艺落后，技术含量低，自制品上不了档次，带动力不强，销售渠道不畅通，经营户信息落后，尚未形成强有力的辣椒经营模式，难以参与国内、国际竞争，难以带动云南辣椒产业的发展。

在辣椒销售上，由于辣椒产品的深度开发不够，多年来一直以出口辣椒干、辣椒油等初级产品和半成品为主，对辣椒的商品性要求没有严格的标准，没有完善的检验检疫体系，部分企业在原料收购中也仅限于看样收购，对内含物标准没有要求，经济效益和社会效益都不理想。而美国、日本等发达国家，则利用我们出口的辣椒原料，采用先进技术去除杂质和异味，制成辣椒红色素等深加工产品返销我国。总体上我省辣椒产业还没有形成健全的加工营销网络。不仅严重影响了农民的经济收入，也使辣椒高产高效的优势难以充分发挥。

四、云南辣椒生产发展对策

1. 提高认识，把辣椒产业发展成为云南的新兴大产业

首先，辣椒在云南有悠久的栽培历史，面积大、分布广，具有做大产业的基础；其次，云南拥有丰富的、独特的辣椒资源，如丘北辣椒、小米辣、大米辣、皱皮辣、涮涮辣、铁角辣等；第三，辣椒产业链长，加工产品种类

多，加工增值效益明显；第四，市场前景好，无论国内或国外，市场对辣椒产品的需求都非常大，有些产品目前无法满足市场的需求。因此，我们应充分认识到做大云南辣椒产业的可能性和必要性。

2. 增加投入，加大扶持力度

政府应该从产业政策上把辣椒作为重要的主要经济作物，从育种、技术储备、种子生产、原料加工生产、加工企业、营销全过程进行产业设计与支持。同时政府还应加强辣椒生产、加工等方面的信息网络的建设，为种植农户及加工企业服务。从培植新产业的角度，政府、企业和社会都应共同加大对辣椒产业的投入力度。首先，要抓住国家西部大开发的契机，争取国家的扶持，各级政府也应增加投入改善辣椒种植区的交通条件、水利设施、市场网络等外部环境条件建设，强化产业发展的基础设施建设，加大对产业的龙头企业扶持力度，营造一个有利于产业发展的良好环境。其次，制定出台优惠政策，加快对外开放步伐，积极开展对外招商引资工作，鼓励和吸引社会的企业、公司及资金投入参与产业开发，在已形成加工能力的基础上，要努力提高辣椒加工制品的质量，坚持以质量兴业，名牌兴企之路；引导现有加工企业改造和升级原有的设备及条件，引进先进技术和设备，开发科技含量高，附加值高，适销对路的产品，如发展辣椒素、辣椒红色素等深加工产品。第三，组织广大农民投入人力、物力参与开发，最终形成国家扶持和引导，企业、公司、农民为投入主体和开发主体的产业发展的良性运行机制。

3. 重视科研推广，提高生产水平

一是加快新品种选育步伐，以传统育种方法为主，分子标记辅助、转基因等生物技术手段为辅，在继续以优质高产为育种目标前提下，重点解决抗旱、耐病毒病、病疫等问题，同时，利用云南丰富的品种资源，研究开发培育专用品种，如高色素、高辣素等专用品种；二是加强连作障碍的研究，针对不同的土壤结构，不同的气候条件，对辣椒病菌与土壤结构、土壤通气性、土壤微生物、植物根系分泌物等之间的关系研究，同时推广深耕土地，轮作倒茬、使用微肥、重施有机肥、麦辣玉梯阶套种等技术措施，减轻连作障碍；三是大力开展技术培训，利用各种宣传手段提高农民科技素质，采用建立示范样板，促进增产增收；四是引进国外智力，重点引进发达国家有关辣椒的标准化生产、加工产品标准、化工产品加工、产品和卫生检测等方面的专家和技术，促进辣椒产业与国际发展同步；五是实现辣椒的标准化生产，以食品法典委员会（CAC）、国际植物保护公约（IPPC）两组织标准化为依据，结合国际动植物卫生检疫（SPS）、技术性贸易壁垒（TBT）原则，制定出辣椒干（酱、粉）生产的产品标准及其质量和健康标准，并付诸实施，加强管理；六是规范良种繁育程序，加大优质辣椒品种的生产，形成规模化生产，产业化经营，健全良种质量控制体系和监测机构，按生产企业的要求，科研部门负责良种的繁育和生产，技术方案的制定，提高种子质量。

4. 合理布局，加大辣椒商品基地建设

辣椒商品基地是辣椒产业化经营发展的重要物质基础，是企业的第一生产车间。抓好商品椒基地建设，要把基地建设与企业培育结合起来。鼓励企业参加商品椒基地建设，通过定向投入、定向服务、定向收购等方式，与农户联合发展稳固的辣椒生产基地。通过龙头企业的带动，引导商品椒基地向最适宜区集中，由兼业向专业化转变，发展一批专业大户、专业村、专业乡、专业县，实行集中连片开发，逐步建成规模适度的集约化、专业化商品椒生产基地。

5. 适应市场需要，积极发展专用型辣椒生产

当前，云南省生产辣椒不注意用途，种植与加工脱节，专用化和产业化开发程度较低，不能适应当前市场经济的发展。因此，必须正确认识云南省辣椒生产的形势，在作物结构调整中，大力发展专用型辣椒生产。专用型辣椒生产的发展应以市场为导向，效益为中心，以产业化开发为动力，重点应抓好以下三点：

（1）品种专用化

在辣椒的育种目标上要转向专用型育种，为生产上提供优质专用品种，解决当前生产上专用品种少的问题；种植上要改变过去不分品种不讲究用途的做法，立足于专用化生产，不断扩大色素椒、辣素椒和出口型专用品种的面积。

（2）种植区域化

辣椒区域化种植和规模化生产，才能便于集中技术指

20

导与服务，就近收购与加工，适应产业化生产，降低成本，提高效益。因此，要根据自然生态条件，合理规划各种专用辣椒种植区域。

（3）技术标准化

辣椒市场对商品椒的外观和内在品质都有特殊的要求。因此，在选定品种后应加强栽培技术推广，制定标准化栽培技术操作规程，提高辣椒的产量、质量和商品率。

6. 大力开拓辣椒市场

建设和拓展辣椒市场是辣椒产业化经营发展的客观需要。首先，要抓好辣椒市场体系建设，必须按照区域化、规模化、专业化的要求，放开政策，通过引入股份制和股份合作制等多种形式，吸引企业、个人和外资等参与农产品市场建设，在交通便捷的地区建设 2 ~ 3 家辣椒专业批发市场，努力形成以大型辣椒批发市场为核心，以中小型市场和城乡集贸市场为基础，产销地批发市场、集贸市场、零售市场相结合，多层次、多形式、多功能的市场体系。其次，创造条件引导龙头企业积极"走出去"，组织龙头企业参加国内外招商引资、经贸洽谈活动，建立省外、国外营销网络，开拓各类辣椒市场。另外，建议大力扶持发展农村辣椒流通合作组织，大力支持农民个体或合伙创办辣椒营销公司，逐渐形成以企业、集体、个体为主体，社会各界积极参与，政府搞好服务的流通格局。

7. 健全社会化服务体系

社会化服务体系是辣椒产业化经营的重要保障，实践证明，社会化服务体系的水平在一定程度上制约着农业产业化经营的发展进程。因此，要以农业产业化经营为契机，以农村各种专业合作组织为基础，依托政府职能部门，大力发展辣椒市场化服务组织，逐步建立起网络完善、功能互补的辣椒产业社会化服务体系。大力发展辣椒专业合作组织（协会），加强辣椒产业化经营主体的自我服务。该合作组织（协会）应该是按照自愿互利、民主管理原则建立起来的新型自我服务组织，具有适应性强、带动面广等特点，在衔接农产与市场、联结企业与农户方面发挥着重要的中介作用。另外，应该充分发挥政府经济技术职能部门的作用，为辣椒产业化经营搞好信息、指导服务，建立信息网络，既为指导辣椒生产经营提供决策依据，又为企业和农户提供市场、价格、技术信息，引导企业和农产按照市场需求安排生产，改变过去市场信息不灵、行情不清、盲目生产的状况，帮助农民抢抓市场机遇，大力发展辣椒订单生产、合同生产，克服以往辣椒生产中的盲目性和分散性。注重营销人员培养，造就一支懂得现代营销知识，掌握内外贸易运行规则和管理手段，勇于开拓国内外市场的人才队伍。培育龙头企业，实现规模化经营和现代化管理，顺应市场发展的需要，实现产业化。建立和完善行业协会，制订协会章程，树立诚信意识，加强对行业的监管、指导和约束，进行行业自律，严肃查处恶意竞争和欺诈客商、掺杂使假者，改善销售环境。建立信息咨询系统，充分利用农业信息化技术，发挥好现代信息网络技术对我省辣椒加工销售的促进作用。

8. 加强地方资源的研究和开发利用

近年来，市场上对辣椒产品的需求逐渐向多样化和特需化转变。随着经济的持续增长和人民消费水平的日益提高，人们对小品种、稀有品种的需求量增加。这就要求选育出一大批多样化、具有独特风味和丰富营养价值的特种辣椒以满足市场的需求。云南因其复杂多样的地理和气候条件，分布有大量的辣椒种质资源，是我国辣椒种质资源最为丰富的省份之一。如丘北辣椒具个小、形体均匀、色泽鲜艳、油脂和维生素含量高、辣香味浓等特点，且富含蛋白质、糖分、维生素与氨基酸等多种人体所必需的营养元素，被公认为是世间最好的食用辣椒；小米辣抗性好、辣味浓、维生素含量高，被公认为是中国最好的泡椒品种；还有辣味不强，果皮软薄，品质风味极佳的皱皮辣；辣味很强（辣椒素含量高达3.54%）不能直接食用的涮涮辣；抗湿热、抗病能力强、坐果多的大米辣及耐寒力较强的厚皮铁角辣等。如何利用好我们的资源优势和地域气候条件优势，加强地方品种的研究和开发力度，培育出具有云南地方特色的辣椒品种，创建云南辣椒品牌，对促进我省辣椒产业的发展具有重要意义。

五、云南辣椒产后加工情况

云南省加工型辣椒产业发展迅速，但加工型辣椒产业发展的过程中存在许多不容忽视的制约因素：一是由于种植且企业收购加工的品种多为地方自留品种，缺乏加工专用型品种，企业加工成本高。如文山某辣素有限公司用于提取辣椒素和辣椒色素的辣椒需要高辣素和高色素品种，但两素含量高、综合经济性状优良的品种还没有，现企业收购用于提取辣椒素和辣椒色素还以丘北辣椒为主，丘北辣椒辣素含量平均仅为 0.24%，色素色价仅为 10 左右，而且产量低导致收购价格高，含油量高导致色调低，且在加工过程中出现堵塞机器现象，致使在使用丘北辣椒为原料进行加工时出现亏损现象。云南某绿色食品有限公司小米辣加工需种子少、果型直、香辣味浓的品种，但现云南小米辣生产还以农民自留的地方品种为主，自留品种多数单果种子量多（平均 40 粒/果）、果弯曲且皱果现象严重，香辣味不足，企业收购时没有选择，只有收购后进行重先分级加工，增加了加工生产成本，多数产品难以进入国际市场；酱制的品种要求种子少、肉厚、辣味浓（辣素含量在 0.8%以上），但由于没有满足需求的品种，现企业收购进行加工的品种多数以鲜食辣椒品种为主，其加工产品难以参与国际国内市场竞争。二是产业化水平低，标准化生产体系不完善，精深加工程度不高，加工附加值难以体现；如小米辣加工多以初级产品或半成品加工销售为主，国外或省外企业收购我省初级产品或半成品后经过二次加工赚取了巨大利润。三是辣椒主产区病虫害发生严重，特别是近年来在全省各地辣椒疫病和病毒病大面积爆发，严重影响了加工型辣椒的产量和商品品质。这些在很大程度上制约了云南加工型辣椒产业的发展。通过科技攻关，育成高产、优质的加工型辣椒新品种替代现生产用种，规范我省加工型辣椒种植技术，提升我省辣椒精深加工水平，进而提高加工型辣椒生产的经济效益，促进云南辣椒特色产业的可持续发展，已经成为现在云南加工型辣椒产业发展迫切需要解决的新问题。

第三章 云南辣椒高效栽培技术

一、辣椒育苗技术

培育壮苗是夺取辣椒高产的基础。因为辣椒在苗期不仅要长成一定大小的营养体，而且已经分化花芽。花芽形成的早晚、着生节位、花芽的数量与质量在一定程度上受苗期环境及育苗技术的制约。所以秧苗的素质，不仅直接影响到定植大田后植株的生长，而且影响结果。

壮苗的形态特征一般是：苗高适中，约16～20厘米，生长舒展；茎秆粗0.7～0.9厘米，节间较短，有分枝；保留2枚子叶，长成14～16片真叶，叶色绿或深绿，叶大而肥厚；根系发达、粗壮；生长健壮无病虫害。与壮苗相反的是弱苗。最典型的弱苗有徒长苗和老化苗。这两种苗的生活力差，定植后生长、结实都受影响。

要培育壮苗，避免出现徒长苗和老化苗，必须从育苗的各个环节把握技术要点，精心管理。现云南辣椒生产上大部分地区多采用漂浮育苗，少数地区采用传统的土培苗。

1. 传统土培苗培育

（1）苗床及床土

①苗床地的选择　苗床地要选择避风向阳、地势高燥、排水良好、土壤疏松肥沃、交通方便、便于管理的地方。为减轻苗期病害，最好选三年内未种过茄果类蔬菜的地块做苗床。苗床的设置应该东西伸长，采用高畦低墒，净墒面宽1~1.2米，可多接受下午的阳光，提高苗床的夜温。每个苗床的南面及整个苗床场地四周，都要深开排水沟。原则上沟深度要比床坑稍深，才能保证雨水不往苗床里渗透，降低床内湿度，减少苗期发病。

②床土　要疏松肥沃，通透性好，又有一定的保水、保肥性能。还要求无病菌、害虫和杂草种子。人工配制培床土最好是从刚种过豆类、葱蒜类、生姜等的地上取土。豆类在土中遗留根瘤，使土质较肥沃；葱蒜类含硫化合物，可杀灭土中的一般病菌；生姜地残留的肥料多，又没有侵害辣椒的病害。为了更好地预防苗期病害，最好采用未种过菜的大田沙壤土。用来配制床土的各种有机肥，必须经过堆置、充分腐熟。因为新鲜有机肥常带病菌，会侵害幼苗；新鲜有机肥拌入床土后，发酵时放热，会烧坏幼根。

③床土的消毒　床土的简易消毒方法是利用日光曝晒。配制床土的主体成分最好经过夏季烈日曝晒，有较好的杀菌消毒作用。将配制床土的各种原料混匀后堆积起来，发酵过程中产生高温，也有灭菌作用。最可靠的方法是用药剂消毒。床土配制后，用65%代森锌粉剂或50%多

菌灵粉剂消毒。每一立方米床土用代森锌 50 克或多菌灵 40 克，把药与床土均匀混合后，盖薄膜封闭 2～3 天。撤去薄膜、待没有药味后再铺入苗床。

④制成药土作种子的垫土与盖土　每平方米用 50% 多菌灵，或 50% 可湿性甲基托布津 8～10g 兑细土 3kg 按苗床面积配制药土，播种前一天，苗床浇透水，水渗透完后床面铺一层薄薄的细土，然后撒施 2/3 的药土，作为种籽的垫土，然后播种。播完种后，再将余下的 2/3 的药土均匀撒在种籽上作为盖土，然后覆盖营养土 0.5～0.8cm，用喷雾器喷透水再盖上稻草及薄膜。盖膜时，拱顶距墒面 40～50 厘米，两头、中间用绳子固定，周边膜入土 10 厘米压实盖严。

（2）播种

①播种量　单株种植的，一般一亩地用 50～60g 种籽即可。有的地方习惯双株栽种，一亩地需种量为 100～120g。育苗设施不健全，育苗成功率低的，须增大用种量。苗床的播种量因育苗方式而异。秧苗不移栽的，应适当稀播，每平方米播 10～12g。采用两段育苗，即进行移苗的，在播种床里秧苗生长时间短，生长量较小，可以播密一些，每平方米用种 15～20g。

②播种期　播种期要根据当地气候条件，苗床设备，品种类型等具体情况决定，同时要考虑营养生长与生殖生长的协调关系。小米辣土培育苗滇中正季（上一年 12 月至次年 1 月份育苗），苗期大致 80 至 100 天。滇南反季节（8—9 月份育苗），苗期大致 60 至 80 天。大果型辣椒土培

育苗滇中正季（1—2 月份育苗），苗期大致 60 至 80 天。滇南反季节（8—9 月份育苗），苗期大致 30～50 天。

③种子处理　种子处理有如下 3 种方法，可根据病害任选其一。a. 播种前将种子摊在簸箕内晒种 2～3 天，后用 10%磷酸三钠溶液浸种 20 分钟，或甲醛 300 倍溶液浸种 30 分钟，或 1%高锰酸钾溶液浸种 20 分钟，捞出冲洗干净后催芽（防病毒病）。b. 根据种子量，放入 5～6 倍的清水中浸 3～4 小时，然后按比例用根腐消或农用链霉素浸种，漂洗干净后即可播种（防苗期猝倒病和立枯病）。c. 用 55 度温水浸种 30 分钟，放入冷水中冷却，然后用 72.2%普力克水剂 800 倍溶液浸种 0.5h，洗净后晒干催芽（防疫病及炭疽病）。

④浸种催芽　播种时气温和床温较高的，如立冬前播种一般直接播干籽。相反的，寒冷季节播种，为加速出苗，一般先行浸种催芽，一般辣椒浸种时间应达 8～10 小时。种子浸入水中后搅动，去除浮子，并搓洗掉种子表面的污染物。再换清水浸泡达预定时间。然后，沥干水用布包起来放在 25～30℃的恒温箱催芽。没有恒温箱的可用电灯的热能（简易催芽纸箱）、炉灶的余热，或放在盛半瓶热水的保温瓶中。一般经过 5～7 天，大部分种子露白即可播种。

⑤播种　播种前 1 天先将床土刮平，并浇透底水，使 10 厘米左右深的培养土全层湿润。种子分 2～3 次撒播，方能播匀。如果种子潮湿成团撒不开，可拌些糠灰或细砂。种子播下后，覆盖一层松砂土。播种后盖土盖没种子

即可，盖土厚薄要均匀，出苗才整齐一致。上面再盖一层稻草，往稻草上再补充喷洒水。盖草的目的是防止洒水时冲动种子、保湿、防板结。

（3）苗期管理

①播种后至出苗期间的管理　出苗前要对苗床保温保湿，提高床温，促进早出苗，出齐苗。当出苗达20%左右时，立即揭去覆盖在床面上的稻草，让苗见光，否则苗会徒长成豆芽一样。苗基本出齐时要覆一次培养土，苗出得早的地方覆厚一些，出得晚的薄一点，这有助于齐苗，还有帮助种皮脱落和有利于幼苗扎根的作用。覆土后若天气好，可以喷一些水，使覆上去的土湿润一下就行。至出齐苗之前一直要保持较高床温。

②间苗与移苗　子叶充分展开、现露真叶时即应及时进行间苗。先把受伤、畸形、"顶壳"的苗拔去，再把过密的苗拔去部分。生长弱小，和有徒长趋势的苗都应拔掉。间苗后，床土松动，可洒一些水，或撒一层疏松的细土，保护留下的苗，使苗根与床土密切接触。留苗的距离，主要决定育苗方式。不移苗的，苗距要较大，保持4~5厘米。准备移植的，留苗可密一些，苗距2~3厘米即可.

③温度管理　温度管理的一般原则：白天，尤其是晴天，保持苗床较高的温度，有利秧苗光合作用，制造有机物质；夜间和阴雨天气控制较低的温度可减少养分消耗，避免秧苗徒长，因而有利于培育壮苗。秧苗不同的生育阶段调控的温度不同。概括起来有明显的二高二低；即播种

后至齐苗床温要高；齐苗后要低；移苗后至缓苗前床温要高；定植前要降低床温，低温炼苗。除此之外，一般维持正常床温，即晴天白天25℃左右，夜晚10～15℃。播种后的开初几天，要严密覆盖苗床上的玻璃窗或农膜，尽可能提高床温，以促进迅速出苗。催了芽播种的，播后第3天之后，播干子的第5～6天后，当种芽弯脖顶土时，要避免床温过高，以免烫伤幼芽。白天手伸进床内若感到过热，床温超过35℃，应在苗床上盖几块草帘遮光降温，或通风降温。待床温降低了，床内不过热时，再揭去草帘或关闭风口。但直至出齐苗之前均应保持较高床温，白天25～28℃，夜晚15～20℃。刚出苗后的几天至出现真叶前（即子叶期），床温要比发期有显著降低。因为这一阶段是秧苗由异养（消耗种子内贮藏养分）转向自养（自行光合作用制造物质）的青黄不接之际，温度低一些可减少养分消耗；同时，这一时期胚轴以伸长生长占优势，最容易徒长，温度低一点可避免徒长。大约白天掌握在20～25℃，夜间8～10℃。出真叶之后，床温略微升高一些，使秧苗正常生长发育。为了提高幼苗对大田环境的适应能力，定植前半月左右即应开始对秧苗进行低温锻炼。锻炼要循序渐进，逐步进行，避免骤然降温使苗遭受寒害、冻害。首先，白天加大通风量，延长通风时间，草帘尽量早揭、晚盖。第二步，白天基本不盖透明覆盖物，夜间才关闭风口，草帘逐步减少，直至不盖草帘，只盖薄膜防霜冻。第三步，定植前几天夜间也留风口，直至覆盖物全部撤去，让苗吃露水和经受低温锻炼。

④水分管理与湿度调节　苗床里除播种前后和移苗后要浇两次透水外，一般不轻易浇大水，而要偏干掌握。要浇水也切忌水量过大，采取"少浇勤浇"的办法。浇水与否要看天、看地、看苗决定。看天：选择连续 3～4 天之内（包括浇水后）都是晴朗温和的天气才浇水，一般天气干旱，气温也尚高，苗床蒸发量大，为保证幼苗水分养分的供应，在晴好天气可隔 3 天左右浇一次水。寒冷、阴湿的天气，不是床土非常干一般不浇水。1 月—2 月上旬严寒时节，要控制苗床浇水。床内最忌低温高湿。犹如在寒冬季节，如果一个人的鞋袜湿了将倍感寒气袭人。春季降雨多，外界湿度大，苗床四周的雨水也会渗入苗床，所以一般不浇水。临近定植的一段时间更要控制苗床浇水，这也是炼苗的有效措施之一。看地：床内 3 厘米以下的床土相当干燥（床土含水量 16%～17% 及以下）才浇水。看苗：苗黄嫩表明湿度大；苗油黑并有萎蔫才浇水。苗床浇水应注意：一般在上午 10 点至中午 1 点浇水。这是一天中温度最高的时间，因浇水后降低的床温容易回升。傍晚不能浇水。浇水后床温不易回升，还造成夜间床内湿度过大。

⑤苗期追肥　秧苗生长快，营养面积又小，单位面积上的秧苗吸收养分多，必须保证充分供给秧苗所需要的各种养分。苗床施肥应以基肥为主，控制追肥。因为苗期追肥，随着操作、通风和浇水，会降低苗床温度和增加苗床湿度。但是，春暖后如果秧苗叶色淡黄，叶小，茎细，表现缺肥，就应该追肥。可用 10% 腐熟人粪尿（去渣）浇

施，或按0.3%~0.5%的浓度将三元复合肥（或尿素）溶解在水中，用喷壶喷施。施肥后喷少量清水，洗净叶面上的肥料，防止烧叶。尔后敞开苗床通风，既可蒸发散失苗上的水，又可排出肥料释放的氨和硫化物等气体，避免秧苗受毒害。

（4）苗期易出现的问题及其防止

①顶壳 秧苗带着种皮出土叫"顶壳"。其子叶被种皮夹住不能开展，严重妨碍光合作用，影响秧苗正常生长。床土湿度不够或盖籽土太薄，是出现顶壳的主要原因。所以不论是灌底水或播种后浇水，水量都要充足。出苗期间也要保持床土湿润。幼苗顶土即将钻出地面时，如果天晴，可在中午前后喷一些水。若遇阴雨，可在床面撒一薄层湿润细土。这都是防止幼苗顶壳的有效措施。发育不充实或染病的种子，发芽势弱，也往往造成顶壳。要选用健壮饱满的种子。

②秧苗徒长 徒长苗的茎长、节稀、叶薄、色淡，组织柔嫩，须根少。徒长苗的干物质含量比壮苗少，所以新根发生慢，这是它定植后不易活棵的原因。徒长苗抗性差，容易受冻和生病。由于有机营养不良，徒长苗花芽形成较慢，花芽数量较少，质量较差，往往形成形畸花和弱小花，这种花易落花落果，即使果不脱落，也发育不良。因此用徒长苗定植到大田不能早熟丰产。造成秧苗徒长的原因，主要是由于阳光不足，床温过高，以及氮肥和水分过多。所以防止秧苗徒长要改善苗床光照条件。此外，苗床增施磷钾肥，适度控制苗床水分，加强通风，使苗床温

33

湿度不过高，都是防止秧苗徒长的有效措施。

③秧苗老化　当秧苗生长发育受到过分抑制时，常成为老化的僵苗。这种苗矮小、茎细、节密、叶小、根少。定植后也不容易发棵，常落花落果，产量低。造成秧苗老化的主要原因，是床土过干和床温过低，其次与床土中养分贫乏也有关系。苗期水分管理中，怕秧苗徒长而过分控制水分，容易造成僵苗。浇水不及时不足量，最容易造成僵苗。在阴雨连绵、温度低、光照弱的条件下，辣椒苗可能出现生长停滞，顶芽萎缩，叶变小、叶色发黄的现象，农民称之为"缩脑"，这是一种生理病害，实质是秧苗老化的一种表现。除提高床温、加强照光外，可对秧苗喷施一次0.3%的尿素，7~10天可开始见效，秧苗逐渐恢复正常生长。

2. 漂浮育苗

漂浮育苗是现代辣椒育苗的主要方式，就是用基质和营养液取代床土进行辣椒育苗。漂浮育苗是将种子直播于基质上，把装满基质的育苗浮盘漂浮在配制好的营养液上培育苗的一种育苗方法。它是一项用无机营养液及其配套设备培育壮苗的农业新技术。漂浮育苗可保证植物生长的一致性，避免传统栽培方式引起的土壤病虫害问题。

（1）漂浮育苗优点

①有利于蔬菜集约化、专业化、商品化生产，促进蔬菜良种区域化，规范化。

②能人为控制育苗环境和育苗时间，促进菜苗适龄、充足、健壮、整齐，便于规范化栽培管理，使大田生长平

衡一致。

③漂浮育苗的苗根系发达，素质好，移栽成活率高，有利于早生快发、增产增收。

④菜苗健壮无病虫害，降低了土传病害的影响，减轻苗期病、虫、草害的发生和传入大田。

⑤育苗相对集中，便于管理，能降低育苗成本。

（2）漂浮育苗场地选择：要地势平坦，背风向阳，东南西三向无高大树木或高层建筑物。靠近水源，排灌方便，四周无污染。交通便利，电源充足，地形开阔，便于建立标准育苗拱棚群。育苗场地要求两年以上未种植茄科及十字花科作物。

（3）育苗地的建造：育苗池边用空心砖砌成简易池埂，清除池内杂草及作物残茬，整平踏实，然后在池底均匀铺填1厘米的细砂土，在细砂土上喷洒杀虫剂。以防地下害虫危害。再仔细检查池边、池底无硬物突出后，便可铺上一层0.12毫米的防渗膜垫底和衬边框并仔细压平边框。池内营养液需在播种前2~3天配制好。

（4）育苗材料的准备：育苗浮盘用聚苯乙烯泡沫，长66厘米，宽34厘米，厚6厘米，136~162孔型。基质为泥炭和珍珠岩的混合物。浮盘于育苗前20天用300倍甲霜灵锰锌溶液或澄清的熟石灰水浸润8~10分钟消毒后，晾干备用。新购浮盘无需消毒，但要逐孔检查是否穿洞，发现有未穿洞的孔要打通。将已消毒的基质倒在洁净的塑料布上，喷上适量的清水拌匀，使基质湿润到手握成团，碰之即散时装盘边装边轻敲浮盘边缘使孔内基质松紧适度。

（5）播种：选晴天的上午，用压穴板对已装湿润基质的浮盘压出播种小穴，每穴播入 1～2 粒包衣种子，再用基质筛盖种子，将播好种的浮盘于当天及时整齐地放入营养池中，并用喷雾器喷清水保持湿润。

（6）营养液的配制

①母液配制：1 号桶放入 4 袋 1 号肥，加水 40 公斤，搅拌至溶解完全；2 号桶放入 4 袋 2 号肥，加水 40 公斤，搅拌至溶解完全。

②营养液注入：营养池的用水于播种前 2～3 天把干净的地下水注入漂浮槽内，与此同时缓慢地陆续加入 1 号营养液 10 公斤，让其均匀地分布到槽内；当槽内水位约 6cm 时，缓慢地加入 2 号营养液 10 公斤，让其顺着流水均匀地分布到槽内，槽内水位达 12cm 时停止加水，将营养液缓慢搅拌至均匀即可。注意用 pH 试纸测定水的酸碱度，及时对水的 pH 值进行调整（$6.0 \leqslant pH \leqslant 7.0$）。营养液深度为 12cm（池深 15cm）。在种子萌发至 2 片真叶时，营养液浓度保持在电导率 0.8，pH 值 6.0～6.5 较为适宜。

③营养肥的添加：育苗过程中随着养分的消耗，隔一定时间向池内添加育苗营养母液，然后按要求测算所需母液用量均匀添加到育苗池内。保证育苗池液深度不低于 12 厘米。在蔬菜苗萌发长出后至移栽前这段时期，应根据苗的长增补营养液 1～2 次，使营养液浓度保持在电导率为 1.2 即可。

（7）育苗管理：苗长至一叶一心时，及时进行间苗、补苗，小心拔出多余的苗补在未出苗的空穴中，手和工具

36

要注意消毒。播种后 50 天内保持育苗池水位在 12 厘米，50~70 天保持在 10cm，70 天以后保持在 5~8 厘米，移栽前一周保持在 2~5cm。补水添营养液时要保证池内营养液浓度均匀，严禁只在一个位置加水加营养液。种子萌发期棚内温度保持在 25~28℃，白天不能超过 28℃，夜间不能低于 12℃；通过棚膜的揭盖来调节温度。齐苗前棚内保持相对湿度 85% 左右；喷 58% 甲霜灵锰锌 500 倍液防猝倒病、炭疽病、黑胫病；喷 25% 多菌灵 500 倍液防炭疽病和基质表面霉层。农事操作时注意避免病、虫、草害传入棚内。

（8）漂浮育苗移栽管理：移栽前要将断水炼苗的浮盘放入池水中，使基质充分吸水以利取苗时基质完整，促进移栽成活率。漂浮苗一般为高茎、壮苗。漂浮苗裸露根系多，移栽时切忌与肥料直接接触，栽后浇透定根水。

二、露地干制辣椒栽培技术

1. 品种选择

云南普通露地干制辣椒栽培一般都是以丘北小椒为主，辅以羊角椒及线椒为辅，丘北小椒由于栽培历史悠久，品种严重混杂退化，致使辣椒产量低、果实商品性差、营养品质下降等。近年来，当地农技部门在做一些品种的提纯复壮工作，所以品种选择时最好选择提纯复壮的品种。羊角椒和线椒栽培品种选择抗性强而偏早熟的品种。

2. 选地整地

辣椒既怕涝又怕旱。所以要选地势较高，能排能灌的地种植，丘北小椒及其他果型小的线椒品种适应性强，对水肥条件要求不严，可以在土壤较贫薄，灌溉条件稍差的丘陵地带，红、黄壤地上种。种辣椒的地最好冬耕休闲。冬季深耕一遍，耕深达 25 厘米以上。耕后任其冰冻、日晒，可改良土壤的结构和物理性状，正如俗话所说"地要冬耕，人要亲生""耕地耕得深，黄土变成金"。深耕加厚了松土层，有利于辣椒根群生长，根系扎得深，横向扩展宽，特别是侧根数增多。深耕冻地，还可消灭一部分病原菌、害虫、虫卵、杂草种子，从而减轻病虫、草害。春暖以后，再结合施基肥，浅耕 1～2 遍。然后整地作墒。当土壤比较干爽时方可整地作墒，切忌湿土整地。湿土整地因人畜脚践踏和农具的机械压力，会使土壤变得紧实，板结成块，透气性差，日后辣椒生长不良。为便于排水和灌溉，栽培辣椒应采用深沟、高墒、窄墒。墒向以南北向为宜，这样通风透光良好。一墒栽两行的，墒宽 90～100 厘米，一墒栽三行的墒宽 1.2～1.3 米。沟宽 40 厘米，沟深 25 厘米。地周围深开围沟（40 厘米深）；地太长的还要开腰沟（35 厘米深）。使墒沟、腰沟、围沟三沟配套，沟沟相通，达到雨停地干的要求。墒面整成中间稍高，两边稍低的龟背形。

3. 定植

露地栽培辣椒的定植期因各地气候及栽培模式而异，原则上应在晚霜过后，10 厘米深处的土温稳定在 15℃左右即可定植。云南干制辣椒栽培多在 4 月下旬至 5 月中旬定植。在不受冻害的前提下，应适当抢早定植。适期早栽即使气温较低，椒苗地上部生长缓慢；而土温却比气温高，则可先发根，一旦气温回升，辣椒植株迅速生长，高温季节来临之前已枝繁叶茂，为开花结果打下基础。要选择冷尾暖头的晴朗天气定植。菜农说"晴天栽，根多苗旺像把伞；雨天栽，根少苗弱茎光杆"。露地栽培最忌雨天栽苗。移栽过程中尽量少伤根。栽植深度同秧苗原入土深度。栽的时候要让椒苗幼根伸展，用细土填埋根群，不栽吊脚苗。栽苗后立即浇定根水。同一墒上相邻的两行苗最好不对称地栽在一条线上，而是对空档栽，呈三角形（一墒两行）或梅花形（一墒三行以上），这样苗不相互挡光，可充分利用土地和阳光。辣椒较能适应弱光，适宜密植。合理密植不仅对提高前期产量有重要作用，而且可以提早封行，在高温期间有利田间降温保墒、减少病毒病、日烧病；防止植株早衰，提高群体总产量。

丘北小椒栽培密度为：行距 50 ~ 70 厘米，株距 25 ~ 30 厘米，每亩最少种 3500 株，最多种 5000 株；羊角椒及线椒因品种不同，栽培密度因品种而异，具体种植密度度应考虑下列因素：①品种：凡是植株矮小，株型紧凑、生长期短的早熟品种，每亩种植 5000 株左右。而植株较高大、生长期长的品种，每亩种植 3000 ~ 4000 株。②土壤肥力：土壤肥力较差，施肥较少的要比肥力高，施肥较多的密植。

4. 施肥技术

辣椒是耐肥力较强，需肥量较大的喜肥作物。因此增施肥料，是夺取辣椒高产的重要措施，但要科学施肥。

（1）分期追肥

辣椒不同生育阶段的生长发育特点及对养分的需求不同，苗期生长量小，养分吸收量极少；以后随着生长量的逐渐加大，氮、磷、钾肥吸收量相应地增多。不同生育期三要素的配合，一般是苗期和定植后的生长初期，注重施磷肥、氮肥，以利幼苗发根，壮株和分化花芽；开花期控氮、增磷钾肥；结果期多施氮、钾肥，以促进果实膨大，边生长、边结果，防早衰。

（2）轻施提苗肥

生长初期，辣椒的根系尚未伸展开，难以吸收利用土壤中施入的基肥，酌情早施轻施提苗肥，对促进辣椒植株壮苗早发有良好效果。而一般情况下苗肥切忌多施，以免烧根伤苗和引起徒长。一般定植栽苗后立即浇腐熟稀粪水。苗成活后，抓紧晴天地干时结合浅中耕，追施 1～2 次稀粪水提苗。对于老、弱、僵苗，根外喷 2～3 次 1% 的葡萄糖加 0.3% 的尿素，有较明显的促苗作用。

（3）稳施初花肥

辣椒开花初期即第一朵花开放，至陆续谢花坐果阶段，是辣椒由营养生长为主，过渡到生殖生长与营养生长并进的转折时期，追肥要突出一个"稳"字。一般要控制施氮肥，因为这一时期最容易徒长落花。而要补充磷钾肥，如叶面喷施磷酸二氢钾。

（4）重施结果肥

辣椒进入结果后，一方面陆续分枝、抽生新的枝叶，一方面大量开花坐果，果实膨大，需要大量养分，要及时追肥补充。一般在第一个果实有大拇指大小时立即重追一次肥。如基肥不足的，这时可在行间每亩埋施25～30公斤三元复合肥。采收期间，通常每采收1～2次，追肥一次。

5. 叶面追肥及生长调节剂的应用

除土壤施肥外，喷施叶面肥，又称根外追肥，是一种经济有效的施肥措施。叶面喷肥后，叶片能迅速地把养分吸收进去，肥料的利用率高，增产增收效果显著。当由于生理性的或环境因素造成的辣椒根系吸收能力减弱时，或当土壤中缺乏某些微量元素时，对辣椒施用叶面肥的效果尤佳。进行叶面喷肥，关键技术要领是要严格控制肥料浓度，太浓会产生肥害，引起烧伤或抑制生长；不宜在气温高，烈日当头的中午前后喷，最好在阴天或晴天上午露水干后及午后傍晚前喷。

6. 田间管理

（1）查苗补苗

辣椒苗定植到大田以后，由于地老虎的危害，水、肥、农药使用不当等原因，会造成部分死苗、缺苗，应及时细心地查苗补缺。补栽秧苗宜在傍晚进行，栽后立即浇水。新补的苗成活后，要增施1～2次少量尿素提苗，促使它赶上先栽苗。

（2）排水与灌溉

辣椒根系要求土壤通透性好，如果田间积水，会使根系窒息，地上部落叶甚至死株。因此在降雨比较集中的雨季都要切实做好田间排水工作。排水不畅的沟及时清理疏通，做到雨停沟干，留的余水要及时排干。进入旱季时，适当让辣椒旱一阵子。晒到土面发白，中午辣椒叶片萎蔫下垂，到傍晚时还不能竖叶，才可灌水。这样能促使根系深扎，抗逆性增强，秋发后劲大。

（3）中耕、培土和除草

一般露地栽培的辣椒定植移栽后十余天即尽早开始中耕松土，此后凡久雨地板或有杂草时，或要进行追肥之前都要浅中耕，共进行 2 ~ 3 次。通过中耕疏松土壤提高土层地温，有利于根系生长，还可避免追施的肥料流失，辣椒根系再生长能力弱，中耕时注意尽量少伤根，行间可稍深，近根部宜浅。中耕次数也不宜多，多次中耕，尤其是深中耕，伤根严重，会诱发青枯病。中耕后及时淋浇粪水，否则锄松了的表土，遇雨后更会"含水"，不利于发根。当辣椒苗分枝后开花时可进行一次深达 8 ~ 10 厘米的深中耕。深中耕可抑制徒长，促进分枝，达到椒农所说的"枝节短的效果"。结合中耕可逐步进行培土。或着重在植株封行前进行的最后一次深中耕时，培土也行，使辣椒小行培成瓦背形的土垄。辣椒培土是一项重要的田间作业，培土后使植株根际土层加厚，有利根系生长发育，植株不易倒伏。辣椒生长前期，主要结合中耕除草。封行之后杂草大大减少，有少量杂草需人工拔除。但锄草和拔草都很费工，最好进行化学除草。利用化学药剂除草，效率高，节约人力，而一般不伤害植株。

7. 三落的发生与防治

辣椒生长期间常发生落花、落果、落叶，这"三落"是辣椒生产中的一个老大难问题，严重影响辣椒的高产稳产。造成"三落"既有生理方面的原因，也有病理方面的原因。落花的主要生理原因是：花器发育不正常，开花期干旱、多雨、低温（15℃以下）、高温（35℃以上）等使辣椒不能正常授粉、受精；肥水不足、植株营养生长太差；种植过密，氮肥太多，引起枝叶徒长；田间药害，肥害等。多种病害也可引起落花。而落果除上述原因之外，主要是由于烟青虫等害虫蛀果引起的。引起苗期落叶，主要是灰色叶斑病，对产量影响很大。中后期落叶，主要是病毒病、疫病、白粉病、早疫病等病害引起。病毒病表现的多种症状中，花叶病毒只会减少开花着果，而不引起落叶；黄化病毒、顶枯和坏死病毒可引起大量落叶。病毒病还可引起大量落青叶。另外，田间积水 6 小时以上可引起大量落叶；在高温烈日下浇水，会引起急性落叶。防止辣椒落花、落果、落叶的农业措施是：选用抗病、抗逆性强的优良品种；合理密植，必要时整枝，保持良好的通风透光群体结构；深沟高墒栽培，及时排水，合理灌水；实行配方施肥，科学搭配三要素，特别是氮肥不能过多、过少；气温偏高偏低时，使用生长调节剂保花保果。

8. 采收

云南干制辣椒主要采取一次性采收方式进行，即辣椒大田 70% 以上果实红熟后植株连根拔起挂晒晾干，然后再采摘果实出售。

三、小米辣及朝天椒栽培技术

1. 品种选择

小米辣在云南有悠久的栽培历史，全省各地广泛栽

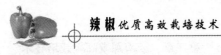

培；朝天椒由于市场需求增加，近年栽培面积逐渐增加。现云南小米辣和朝天椒栽培面积已经突破100万亩。但目前小米辣种植区95%以上的种子属于农民自繁自种，农民自繁自育时，由于缺乏必要的选种和留种技术知识，加之管理措施不当，造成小米辣种性严重混杂退化，致使小米辣产量低且不稳定、果实商品性状差、营养品质下降。品种选择时一定要选择抗逆性强、适应性广，高产优质品种，如云南省农科院园艺所选育和云南某绿色食品有限公司合作选育的"云丰小米辣1号"，"云丰小米辣3号"等。朝天椒品种现生产上以"韩系"及"泰系"品种为主，品种选择时一定要选择高抗病毒病的品种，如艳红、椒中玉等抗病毒病品种。

2. 选地整地

小米辣相对于其他辣椒，植株长势健壮，根系较为发达，对水肥条件要求相对严格。所以要选地势较高，前茬没种过茄科蔬菜的地块，如前作是葱蒜类、瓜豆类的肥沃地块种植。前茬收获后选择晴朗天及时深翻晒垡，耕深达30厘米以上。结合深耕施入腐熟农家肥2500～3000kg/亩，过磷酸钙50公斤，硫酸钾复合肥20公斤，施后耙平，使基肥分布均匀。当土壤比较干爽时方可整地作墒，切忌湿土整地。湿土整地因人畜脚践踏和农具的机械压力，会使土壤变得紧实，板结成块，透气性差，日后辣椒生长不良。作墒采取深沟高畦，畦宽150厘米（包沟），畦高30厘米，沟宽60厘米。墒面整成中间稍高，两边稍低的龟背形。

3. 定植

小米辣由于生育期相对其他辣椒要长，原则上应在晚霜过后，10厘米深处的土温稳定在10℃左右即可定植。云南小米辣和朝天椒多数地区正季栽培多在3月下旬至4月中旬定植。滇南热区反季节栽培多在10月下旬至11月上旬定植。正季栽培一般在不受冻害的前提下，应适当抢早定植。适期早栽即使气温较低，椒苗地上部生长缓慢；而土温却比气温高，则可先发根，一旦气温回升，辣椒植株迅速生长，高温季节来临之前已枝繁叶茂，为开花结果打下基础。选择天气晴朗的下午或阴天进行定植，双行单株定植，定植时尽量做到辣椒苗正、直、匀，以便于盖膜，移栽过程中尽量少伤根。栽植深度同秧苗原入土深度。栽的时候要让椒苗幼根伸展，用细土填埋根群，不栽吊脚苗。栽苗后立即浇定根水。同一墒上相邻的两行苗最好不对称地栽在一条线上，而是对空档栽，呈三角形。

合理的种植密度小米辣株距在50~55厘米，行距60厘米，一般每亩种植小米辣1000~1500株。朝天椒种植密度株距在45~50厘米，行距60厘米，一般每亩种植小米辣2000~2500株。

4. 田间管理

（1）补苗及施肥

移栽后7~10天，要注意查苗补苗，保证全苗。移栽成活后10~15天追施第一次"提苗肥"，主要以施尿素为主（10公斤/亩），齐苗后视植株生长情况，每隔10~15天追一次，亩用尿素10公斤，硫酸钾复合肥5公斤，兑水浇施。植株封行前穴施一次，亩用尿素 15 公斤，硫酸钾复合肥 15 公斤，并浇施 10% 稀粪肥。开花挂果期追施一次重肥，亩施用腐熟粪肥 500 公斤，尿素 15 公斤，硫酸钾复合肥 30 公斤，在初花期进行 1~2 次根外追肥，用 0.2% 磷酸二氢钾和 0.2% 硼砂喷施，结合防治病虫。

（2）排水与灌溉

小米辣根系要求土壤通透性好，如果田间积水，会使根系窒息，地上部落叶甚至死株。因此在降雨比较集中的雨季都要切实做好田间排水工作。排水不畅的沟及时清理疏通，做到雨停沟干，留的余水要及时排干。进入旱季时，适当让辣椒旱一阵子。晒到土面发白，中午辣椒叶片萎蔫下垂，到傍晚时还不能竖叶，才可灌水。这样能促使根系深扎，抗逆性增强，秋发后劲大。

（3）中耕、培土和除草

一般小米辣定植移栽后 20 余天即尽早开始中耕松土，此后凡久雨地板或有杂草时，或要进行追肥之前都要浅中耕，共进行 2~3 次。通过中耕疏松土壤提高土层地温，有利于根系生长，还可避免追施的肥料流失，辣椒根系再生长能力弱，中耕时注意尽量少伤根，行间可稍深，近根部宜浅。中耕次数也不宜多，多次中耕，尤其是深中耕，伤根严重，会诱发青枯病。中耕后及时淋浇粪水，否则锄松了的表土，遇雨后更会"含水"，不利于发根。当辣椒苗分枝后开花时可进行一次深达 8~10 厘米的深中耕。深中耕可抑制徒长，促进分枝，达到椒农所说的"枝节短的效果"。结合中耕可逐步进行培土。或着重在植株封行前进行的最后一次深中耕时，培土也行，使辣椒小行培成瓦背形的土垄。辣椒培土是一项重要的田间作业，培土后使植株根际土层加厚，有利根系生长发育，植株不易倒伏。辣椒生长前期，主要结合中耕除草。封行之后杂草大大减少，有少量杂草需人工拔除。但锄草和拔草都很费工，最好进行化学除草。利用化学药剂除草，效率高，节约人力，而一般不伤害植株。

（4）植株调整

小米辣相对于其他大果型辣椒，分枝能力强，分枝多，合理整枝可改善群体结构，提高产量，一般宜采用6枝栽培法，就是用6条枝培育成主枝，首先要打掉主茎基部的脚芽，还应剪去植株少数徒长枝和一部分垂直侧枝（侧枝着生角度大于60度），第一分叉以下的侧枝留2~3个，以节省养分消耗，改善群体的通风透光条件，有利于提高产量。

5. **施肥技术**

小米辣相对于其他大果型辣椒，由于持续挂果能力强，挂果多，耐肥力较强，需肥量较大的肥料补充。因此增施肥料，是夺取小米辣高产的重要措施，但要科学施肥。

（1）分期追肥

辣椒不同生育阶段的生长发育特点及对养分的需求不同，苗期生长量小，养分吸收量极少；以后随着生长量的逐渐加大，氮、磷、钾肥吸收量相应地增多。不同生育期三要素的配合，一般是苗期和定植后的生长初期，注重施磷肥、氮肥，以利幼苗发根，壮株和分化花芽；开花期控氮、增磷钾肥；结果期多施氮、钾肥，以促进果实膨大、边生长、边结果，防早衰。

（2）轻施提苗肥

生长初期，辣椒的根系尚未伸展开，难以吸收利用土壤中施入的基肥，酌情早施轻施提苗肥，对促进辣椒植株壮苗早发有良好效果。而一般情况下苗肥切忌多施，以免烧根伤苗和引起徒长。一般定植栽苗后立即浇腐熟稀粪水。苗成活后，抓紧晴天地干时结合浅中耕，追施 1~2 次稀粪水提苗。对于老、弱、僵苗，根外喷 2~3 次 1% 的葡萄糖加 0.3% 的尿素，有较明显的促苗作用。

（3）稳施初花肥

辣椒开花初期即第一朵花开放，至陆续谢花坐果阶段，是辣椒由营养生长为主，过渡到生殖生长与营养生长并进的转折时期，追肥要突出一个"稳"字。一般要控制施氮肥，因为这一时期最容易徒长落花。而要补充磷钾肥，如叶面喷施磷酸二氢钾。

（4）重施结果肥

辣椒进入结果后，一方面陆续分枝、抽生新的枝叶，一方面大量开花坐果，果实膨大，需要大量养分，要及时追肥补充。一般在小米辣采收第一次后立即重追一次肥。这时可在行间每亩埋施 25~30 公斤硫酸钾复合肥。采收期间，通常每采收 1~2 次，追肥一次。

6. 采收

根据市场需求，小米辣、朝天椒花凋谢 25~30 天后可开始采收。及时采摘不仅可以抢早上市，而且有利于上层多结果，和果实膨大，提高产量。增加采收次数是增产的一项有效措施。采收盛期一般每隔 7~10 天采摘一次。但也不宜采摘过嫩。利用不同采果期，可以调节生长与结果的关系。对生长瘦弱的植株，应提早采收青果，使营养物质多运转到生长点中去，促进枝叶生长。对于生长旺盛而有徒长趋势的植株，可以延迟采收，以果控株，防止徒长。

四、大棚辣椒栽培技术

1. 品种选择

根据大棚小气候的特点，要选用较耐寒、耐湿、耐弱光、株形紧凑而较矮小的早熟、抗病良种。

2. 育苗

（1）早播种

大棚栽培的主要目的是要争取早熟，为此，与露地栽培相比，一般要早播种 20 余天，培育早发育的大壮苗，有的甚至提出育成半成株苗。秧苗应保留完好的子叶，具 1~3 个分枝，带有几个花蕾。近几年来，云南滇南地区的大棚辣椒极早熟栽培，提早到头年 8 月上旬，有的甚至在 7 月下旬播种。

（2）育苗方式

有条件的地方可采用漂浮育苗，或穴盘育苗，以减少秧苗携带病菌。如用常规方法育苗，因为播种早，当时外界气温尚高，可以在露地苗床播种。滇南热区如景洪、保山、元江、元谋等地，漂浮育苗苗岭一般 30～50 天，滇中如玉溪、昆明等地，漂浮育苗苗岭一般 40～60 天。

3. **定植**

（1）定植前的准备

定植前要尽早深翻土地任其暴晒和闷棚，以利改良土壤和消灭部分病菌及害虫。结合耕翻土地施入基肥。与露地栽培的辣椒相比，大棚辣椒营养生长更旺盛，果实产量更高，因此需要吸收更多的养分，施肥量应适当增加。在大棚低温寡照环境中生长的辣椒，吸肥量和施肥量不完全一致，氮素的施肥量应是吸收量的 1～2 倍，钾肥是 1～1.5 倍，磷肥一般是 2～6 倍。但大棚里面不直接淋雨，养分不易流失，若施肥量过多易产生生理障碍。另一方面，在大棚高湿弱光特殊生态条件下，为防止徒长，预防发病，要注重增施磷钾肥。大棚辣椒施基肥量应占总施肥量的 60%，基肥中磷肥应占总量的 70% 较为合适，基肥中钾肥应占总用量的 50%。基肥应以有机肥为主。春季大棚辣椒多施有机肥的重要意义是：有机肥可提高地温，可分解释放二氧化碳，补充大棚内白天未通风时二氧化碳的不足，有利于光合作用。但是有机肥一定要充分腐熟，深施。新鲜有机肥如鸡粪等，在腐熟分解时，会产生大量氨气毒害辣椒。大棚辣椒的基肥量应比露地栽培增加 30% 左右。一般每亩施优质有机肥 5000 公斤，氮、磷、拥复合肥 50 公斤，钙镁磷 40 公斤，硫酸钾 15 公斤。除磷肥在墒面行间沟施之外，多采用普撒法，再耕翻入土。

（2）定植时期

棚内最低气温稳定在 10℃ 以上，10 厘米地温稳定在 12 ~ 15℃ 即可定植。滇南热区如景洪、保山、元江、元谋等地，一般在 10 月中下旬定植；滇中如玉溪、昆明等地，一般在 11 月下旬至 12 月上旬定植。

（3）定植

辣椒的须根与子叶平行，定植时使子叶与墒面垂直，这就便于根系向墒面的两侧伸展，有利根系发育。试验证明，这样定向定植产量最高。为了防止降低地温，栽苗后点浇水，水量控制小一些。定植最好在上午完成，以便下午盖膜提高棚温，也可避免辣椒定植浇水后夜间茎叶上水珠过多，诱发病害。大棚内光照较差、湿度大，辣椒种植密度一般要比露地稀。过密易徒长落花和加重发病。为便于通风透光，宜采用宽、窄行相间，或宽行窄株的方式定植。株型中等偏大的品种如牛角椒、羊角椒，亩植 3500 株左右。平均行距 55 ~ 60 厘米，株距 33 厘米左右。株型偏小的品种如甜椒，亩植 4000 株左右。平均行距 50 ~ 60 厘米，株距 30 厘米左右。

4. 田间管理

（1）温湿度管理

定植后 5 ~ 7 天内基本不通风，白天维持棚温 30 ~ 35℃，夜间必要时套小棚加盖草帘保温，加速缓苗。

缓苗后则按辣椒各生育期的适温范围，进行正常的通风管理。辣椒开花坐果之前的适温为 20 ~ 25℃，结果前期为，25 ~ 30℃，结果后期 30 ~ 35℃。因此，温度调控的原则是晴天上午，当棚温上升至适温下限（即分别达20℃、25℃、30℃时），开始通风。先打开两头的门扇，再随着棚温的升高，从大棚东侧棚膜与裙膜的重叠处，将棚膜上移，开始小放风，并逐渐加大通风带。注意每天调换放风的部位，以保持棚内不同部位的温度和辣椒苗生长比较均匀。当棚温超过适温上限（即分别达到25℃、30℃、35℃时），则将大棚西侧也揭开通风。下午，当棚温降至适温上限时，先将大棚东侧关闭风口保温。当棚温继续下降到适温下限时，再将西侧棚膜放下。稍后再将两扇门关闭，使棚温有尽可能长的时间维持在各生育阶段的适温范围内。阴雨天宜在中午前后适当通风，以降低棚内空气湿度，和保持棚内空气新鲜。可将大棚的门打开，或在棚的一侧或两侧相间地开几个小风口。

适宜辣椒生长结果的空气湿度为60%～70%。但大棚内的空气湿度经常高于80%。湿度大是大棚辣椒病害严重的主要原因。大棚辣椒落花严重，也就是因为大棚内温度高、湿度大，植株营养生长旺盛，花果发育得不到足够养分，湿度大还使花粉从花粉囊中飞散出来困难，影响授粉受精。开花坐果期必须有较大的通风量和通风时间。加强通风，可有效地提高坐果率。通风适宜则植株矮壮，节间短，坐果多。在喷药、施肥、浇水后要特别注意加强通风。如果夜间最低气温在15℃以上，昼夜都要通风。大棚通风不仅是降温排湿的一项主要措施，还可补充大棚内的二氧化碳。通风之后，外界的二氧化碳进入棚内，满足植株光合作用的需要。经常通风还可排出棚内有害气体，减轻对作物的危害。控制大棚湿度除加强通风之外，在大棚内覆盖地膜，可减少地面水分蒸发，降低棚内湿度20%左右。适当控制浇水，有条件的采用滴灌方法，既可节约用水，又能减少土壤蒸发，提高地温，降低空气湿度。

（2）水分管理

大棚辣椒结果期适宜的土壤相对含水量为70%～85%。大棚辣椒生长前期要节制浇水。因为一方面椒苗小，需水不多；同时前期地温低，浇水过多影响地温升高。定植后的稳苗水、缓苗水都宜浇小水。苗成活之后即中耕蹲苗，直到门椒采收前都不轻易浇水。结果盛期：要充分保证水分供应。浇水要在晴天上午进行，浇水后加强通风、排湿。辣椒生长中后期水分供应对产量的影响尤为明显，过多会引起徒长，落花落果多；过少则会严重抑制辣椒生长，使植株矮小，花、果总数减少，果实小，对产量影响更大。天旱时可以沟灌水，但水要低于墒面，急灌急排，并在早晚进行。至于灌溉方式，在目前条件下可提倡把普通沟灌改为"薄膜垫底沟灌"，既简便，又可比普通沟灌节水15%。

（3）追肥

大棚辣椒一般比露地栽培的辣椒要多追肥2～3次。但坐果之前追肥较少，门椒坐果后，或第一层果开始收获时，要加强浇水追肥，15天左右追肥1次。盛果期每隔10天左右追肥1次。气温低时不追施尿素。天气凉爽时每次亩施稀粪水4000～5000kg。天汽燥热时以复合肥和尿素交替使用。中后期以施尿素为主，每次亩施15公斤左右。

大棚辣椒绝对不能用碳酸氢氨作追肥，否则会发生严重氨气危害。结果期还可结合喷农药每隔 7～10 天叶面喷施磷酸二氢钾或复合肥，浓度为 0.5%～1%。

（4）病虫防治

由于塑料大棚为病毒病的传毒介体——蚜虫提供了越冬场所，并且棚内温度较高，食料丰富，冬季蚜虫也能繁殖，故越冬基数大。所以露地辣椒较少发生的煤烟病却是塑料大棚早期的主要病害。顶枯型病毒病则是大棚辣椒生育中期以后的毁灭性病害。又由于大棚内湿度高，而前期又经常处于低温状态，低温高湿，通风不良，正是适宜灰霉病、菌核病流行的条件。所以露地辣椒较少发生的灰霉病是大棚辣椒早期主要病害之一。露地发生较轻的菌核病则在大棚辣椒的整个生育期均有发生。特别是开花后，菌核病危害植株基部损失严重。防治措施：进行种子及苗床土壤消毒，连作大棚定植前也要进行土壤消毒，每平方米用 20 克 25% 多菌灵可湿性粉剂加干细土 1 公斤拌匀撒于大棚墒面，也可以用 0.5 公斤硫酸铜兑水 100～150 公斤浇灌土壤；实行配方施肥，增施磷钾肥；注意大棚通风排湿；加盖地膜，盖地膜能减轻菌核病等多种病菌的危害；尽早并彻底灭蚜，可显著减少病毒病危害。具体的药剂防治方法详见病虫害防治部分。大棚辣椒施药的特点是，为避免增加棚内湿度，应少喷射药液，多使用粉尘剂和烟雾剂。

（5）中耕除草

冬春季塑料大棚内，比露地更适宜杂草生长，更应注

54

意及时除草。前期可中耕锄草；辣椒植株长大后不能下锄，以免伤根，而要人工拔草。大棚辣椒植株高大为防止倒伏，封行之前要及时培土，将墒沟和行间的土往上翻堆。同时还要用塑料包装绳将植株的主枝吊牢，或在墒外侧用竹竿架设水平架固定植株，能更有效地防止植株倒伏，也方便田间作业和利于通风透光。由于大棚辣椒的生长势强，而棚内的通透性又较差，因此整枝工作显得比露地栽培的更为重要。前中期要及时摘去植株基部生长旺盛的垂直分枝条，中后期要摘去全部老黄叶和植株内侧的徒长枝、细弱枝。

5. 采收

辣椒花凋谢20～25天后可采收青椒。滇西南地区栽培的早熟品种一般1月中旬开始采收；中熟品种2月上旬始收；晚熟品种3月中旬始收。滇中地区栽培的早熟品种一般2月中旬开始采收；中熟品种3月上旬始收；晚熟品种4月中旬始收。及时采摘不仅可以抢早上市，卖高价，而且有利于上层多结果，和果实膨大，提高产量。增加采收次数是增产的一项有效措施。即使是以红熟果实作为调味加工用的品种，在结果初期也应分次及早采收。采收盛期一般每隔3天采摘一次。但也不宜采摘过嫩。利用不同采果期，可以调节生长与结果的关系。对生长瘦弱的植株，应提早采收青果，使营养物质多运转到生长点中去，促进枝叶生长。对于生长旺盛而有徒长趋势的植株，可以延迟采收，以果控株，防止徒长。当市场上青椒供过于求，价格急剧下跌时，可停止采摘青椒，待果红熟后才采收，红椒又可卖高价。采摘红椒不可过熟，转红时就及时摘。采摘过熟易失水分，减轻重量，不耐贮存，影响产量和品质。

56

第四章　云南辣椒主要病害及综合防治技术

一、辣椒病害类别与诊断

据调查云南辣椒有 20 余种病害，将这些病害分类，按发病生育阶段可分为苗期病害和成株期病害；按发病原因可分为非侵染性病害（生理性病害）和侵染性病害。侵染性病害又可按侵染寄生物的不同分为真菌病害、细菌病害、病毒病害和线虫病害。非侵染性病害就是由于环境条件不良或栽培管理不当，使辣椒表现异常的一种无传染性的病害。例如，果实曝晒于烈日下引起的日烧病，因施用未腐熟的有机肥或矿质肥料施用过量引起的烧根死苗等都是生理性病害。通过改善环境条件，改进栽培技术可以有效地防治这一类病害。侵染性病害是由真菌、细菌、病毒、线虫等寄生侵染引起的。

这类病害具有传染性，在适宜发病的条件下，可迅速蔓延流行成灾，所以又称传染性病害。通常所讲的辣椒病害就是指这一类病害。

1. 病害的症状与诊断

辣椒发病后表现出的不正常状态，称为"病状"。病

57

原菌在病部表现出的特殊症状称"病症"。多数辣椒的病害症状，包括病状和病征两部位。

（1）病状类型

辣椒发病后表现的病状经归纳，有变色、坏死、腐烂、萎蔫、畸形等五种类型。

①变色：是指辣椒病害部位细胞内的色素发生变化，但细胞没有死亡。变色主要发生在叶片上，可以是全株性的，也可以是局部性的。如辣椒病毒病引起的花叶和黄萎病引起的黄化。

②坏死：是指辣椒病害部位细胞和组织的死亡。辣椒叶片、枝条和果实上多因组织坏死而形成各种类型的斑点或病斑。如辣椒炭疽病的病斑，病毒病的坏死条斑。

③腐烂：是辣椒组织较大面积的分解和破坏。根、茎、叶、花、果都可发生腐烂。一般幼嫩或多肉的组织较易发生腐烂。如辣椒根腐病引起的烂根，辣椒疫病引起的茎、枝、叶、果实腐烂。

④萎蔫：是指辣椒植株体内失水、枝叶萎蔫下垂的现象。引起萎蔫的原因有根部腐烂、茎基部皮层腐烂或维管束组织遭受破坏或堵塞。如枯萎病使根系软腐，茎基腐病使茎基部皮层腐烂，青枯病堵塞维管束均会导致全株萎蔫。

⑤畸形：是指辣椒的外部形状异常，比例失调。有的受害部位的细胞增生，体积扩大时，表现为促进性病变。如根结线虫病引起的根部肿大。而当病株生长受抑制，细胞体积变小时，则表现为抑制性病变，植株整体或局部畸

形。如病毒病引起的矮化、丛枝、叶片卷曲、皱缩等症状。

（2）病征类型

辣椒的侵染性病害之中，病毒病和线虫病一般没有特别的病征。各种不同的真菌性病害在相应位置表现出不同的病征：包括霉状物、粉状物、粒状物、绵（丝）状物。这四种病征实际上是病原真菌的营养体或繁殖体的结构物。而不同的细菌病害，会表现出相同病征，即脓状物。

①霉状物：是指病害部位产生的各种霉，它们由真菌的菌丝和着生孢子的孢子梗等构成。霉层的颜色、疏密、形状常因病害不同而变化较大。如辣椒灰霉病产生灰色霉层。

②粉状物：是病原真菌的大量孢子、孢子梗、菌丝体，密集在一起所构成的特有病征。如辣椒白粉病产生的白色粉状。

③粒状物：是指病害部位产生大小、形态、色泽、排列等各种不同的颗粒状结构物。如辣椒炭疽病的分生孢子盘呈现黑色或橙红色的小粒点，辣椒白绢病和菌核病产生菜籽状菌核。

④绵（丝）状物：是指在病害部位产生的白色的真菌菌丝体或菌丝体和繁殖体的混合物。如辣椒疫病产生的白色絮状菌丝。

⑤脓状物：是病害部位表面或病株维管束系统内溢出的含有许多细菌细胞和胶质物的白色菌液。如青枯病株的茎切断后插入清水中可看见菌脓溢出。

（3）辣椒病害的诊断

病害诊断是很细的工作，有一定难度，为了方便基层初步提出以下四点做参考：

①发病前后的气候和栽培管理情况调查。以便把冻害、风害、日烧、烧根等生理性病害和传染性病害区别开。

②田间观察症状。仔细观察幼叶背面有无小虫，以便把茶黄螨为害症状和病毒病症状区分开。根据典型症状把真菌性病害、细菌性病害、病毒病、线虫病四种传染性病害区分开。凡是发病部位有霉状物、粉状物、粒状物、绵（丝）状物的，属真菌性病害；凡是有脓状物溢出的属细菌性病害；凡是出现黄化、花叶、厥叶、畸形、坏死条斑的为病毒病；凡是根部有瘤状物的为线虫病。

③用显微镜检查受病组织的新鲜标本有无病原物，观察病原物形态结构，能初步鉴定病害种类。

④对一些疑难病害，不能根据症状正确诊断，在病部又未发现病原物的，需进一步诱发病原物生长。最简便的方法是在培养皿中放几层湿滤纸，将病叶消毒后放在培养皿中，盖上盖，室温下培养几天后，待病叶上长出霉状物再检查病原。在田间若病叶上突然出现像开水烫的新鲜较大病斑，发病比较集中，发病速度快，则可初步确诊为辣椒疫病，再检查病原后，即能确诊。

2. 病害的发生流行条件

传染性病害的发生流行受病原物、环境条件、寄主三者共同影响。病原物的存在是发病的先决条件。环境条件既影响病原物的生长繁殖，又影响寄主的生长。当环境条件有利病原物繁殖，又不利于辣椒生长，则病害大发生。作为寄主的辣椒其生育状况，对病原物的抵抗力也极大地影响着病害的发生。辣椒病害的病原物主要存在于土壤、种子及感病株上。所以辣椒连作地和有发病历史的土壤病害发生严重。病株上留的种或不经消毒的种子，某些病害发生也严重。田间最先得病的植株称之为中心病株，要及时清除和防治，提前预控很重要，否则病害将迅速蔓延。影响发病的环境条件主要包括温度、湿度、光照、营养状况等。有的病害（如灰霉病）在偏低的温度下易发生，而多数病害是在温暖而偏高的温度下发病严重。各种真菌性及细菌性病害是在土壤潮湿、空气湿度高的条件下易发生流行。而病毒病则是在干旱条件下发病严重。光照不足，株间封闭，则利于多种病害发生。而强光易引起日烧病、病毒病。氮肥施用过多，常引起植株徒长，降低辣椒的抗病性；增施磷钾肥，则植株生长健壮，抗病性增强。就辣椒本身而言，首先是不同品种抗病性差异很大。总趋势是尖椒比较抗病，甜椒较感病。

二、辣椒苗期主要病害及防治

1. 辣椒猝倒病

猝倒病俗称"小脚瘟""卡脖子"，是辣椒苗期的主要病害之一。尤其是塑料薄膜覆盖的苗床更易发病。

【症状】猝倒病在种子发芽至出土前即可发生，表现为烂种、烂芽。种芽出土后主要危害真叶展开前的幼苗及

61

1~2片真叶的小苗。茎基部木质化的大苗，一般不受害。幼苗发病，病苗基部似开水烫过。呈水渍状，变黄褐色，继而溢缩变细呈线状，地上部因失去支撑能力而倒伏。病苗叶，一般仍保持绿色。此病发展很快，几天之内引起成片倒苗。苗床内湿度大的，已死的苗及其附近的床土表面，往往长出一层棉絮状的白霉，这是致病菌的菌丝体。

【发病规律】属真菌病害，由瓜果腐霉菌侵染致病。该病原菌可在土壤中长期存活，病原孢子借雨水、灌溉水、带菌的种子、有机肥、农具等传播。在高温、高湿、秧苗拥挤、徒长、光照不足的条件下，病菌繁殖快，而幼苗生长纤细，易得猝倒病。苗床低温高湿，幼苗生长势弱，也利于病菌侵染。在地势低洼、土壤黏重的地块育苗易引发猝倒病。

【防治方法】

①建立无病苗床

选择地势较高，排水方便，无病原的地块建苗床。床土选用无病新土，肥料要腐熟。使用旧苗床，则床土和苗床四周均应消毒。培养土最好提前在伏天配制，经长时间堆沤和烈日曝晒消毒，并使用药剂彻底消毒。除育苗部分介绍的消毒方法，这里再介绍用根腐灵药土防治猝倒病：每平方米用药按5~8克计算，加适量培养土，把拌匀的药土2/3于播种前垫床面，其余1/3于播种后盖籽。

②加强苗期管理

播种时适当稀播，子叶展开后及时间苗。正常天气要加强苗床通风，晴天中午前后揭去全部覆盖物，让秧苗直接晒太阳，使之生长健壮。适当节制浇水，降低床内湿度。寒冷天作好防寒保温工作。发现病苗及时拔除，立即用生石灰和草木灰 1：10 的比例配成黑白灰撒入苗床。

③药剂防治

出现少数病苗时，立即喷 64% 杀毒矾可湿性粉剂 600 倍液，75% 百菌清可湿性粉剂 1000 倍液。苗床湿度大时，不宜再喷药水，而可用甲基托布津或甲霜灵等粉剂拌草木灰或干细土撒于苗床上。

2. 立枯病

立枯病会在辣椒的幼苗期和成株期均可发生，但一般多发生在苗期，尤其是幼苗中后期。

【症状】该病主要危害植株的茎基部。若在辣椒苗的中后期发病，则病苗茎基部产生椭圆形暗褐色病斑，略凹陷，向两面扩展，绕茎一周，皮层变色腐烂，干缩变细。当地上部叶片开始褪色变淡，之后变黄，初期会在白天萎蔫，晚上恢复，之后将整株枯死。苗直立而枯即"立枯"，是与猝倒病不同的重要特征，根变色腐烂。当湿度大时，病部可见到稀疏的淡褐色蛛丝网状霉，无明显白霉，可与猝倒病区分。

【发病规律】本病系由立枯丝核菌侵染而引起的真菌病害。病菌以菌丝体或菌核形式在土壤或病残体中越冬。条件适宜时菌丝直接侵入危害。病菌的适温范围为 13～42℃，最适温度为 24℃。当苗床温度较高，通风不良，湿度大时，辣椒易受侵害。床土过湿，床温忽高忽低也有利发病。

【防治方法】加强苗期管理，防止苗床内出现高温、高湿状态。增施磷钾肥，增强秧苗抗病力。苗床床土消毒要注意，不能单独使用五氯硝基苯，必须混入等量50%福美双可湿性粉剂。发病初期可喷洒20%甲基立枯灵乳油1000倍或36%甲基硫菌灵悬浮剂500倍液。一般每3～5天喷一次，连喷二、三次。当苗床同时出现猝倒病和立枯病时，可喷72%普力克水剂800倍液加50%福美双可湿性粉剂500倍液的混合液喷施。

3. 早疫病

早疫病多在辣椒的3～5叶苗期发生，会危害定植后的成株。

【症状】辣椒苗期发病，多在叶尖或顶芽产生暗褐色水渍状病斑时，引起造成叶尖和顶芽腐烂，成为无顶苗，甚至腐烂蔓延到苗床土面。染病部位后期可见墨绿色霉层。成株期主要危害叶片，受害叶片出现褐色或暗褐色圆形或椭圆形小病斑，逐渐扩大至4～6毫米，病斑有同心轮纹，会引起落叶。湿度大时，病斑上可能生出初为墨绿色，后为黑色的霉层。

【发病规律】早疫病由链格孢属真菌引起。病菌多以菌丝体潜伏在植株病残体、种子或土壤里。在温暖多湿条件下，产生大量孢子，借风雨和农事操作蔓延传播。发病的适宜温度为20～25℃，当空气湿度达80%以上，苗上有水膜出现时，有利早疫病的发生。

【防治方法】作好种子及苗床消毒。用50～55℃温水浸种10分钟。避免苗床内因昼夜温差大而产生结露现象。

苗床浇水后应及时通风降湿。苗床初发病时，用65%代森锌500倍液喷施，或用50%甲基托布津或多菌灵粉剂拌干细土撒施。大田防病可喷洒77%可杀得500倍液，或1：1：200波尔多液，或58%甲霜灵锰锌500倍液，或75%百菌清可湿性粉剂600倍液，或50%多菌灵可湿性粉剂500倍液喷洒。

三、辣椒成株期主要病害及防治

1. 辣椒炭疽病

炭疽病是辣椒的一种常见多发性病害，主要危害辣椒叶片和果实。

【症状】辣椒炭疽病多发生在成龄老叶上，刚开始呈现褪绿水渍状斑点，后变为褐色，并逐渐扩大为圆形或不规则形病斑。病斑边缘褐色，中央变灰白色，稍凹陷，后期在斑面上着生呈轮状排列的小黑点。尤其红色熟透的果实更易染病。病果开始时产生褐色水渍状呈圆形或不规则形的病斑。之后病斑扩大，下凹，并出现稍隆起的同心轮纹斑，其上轮生很多黑色或橙红色的小粒点，周围有湿润性的变色圈。干燥时，病斑易干缩、破裂。

多雨时病果腐烂脱落，有的病斑处可溢出淡红色黏稠物。有时茎和果梗也被害，形成不规则褐色凹陷斑，干燥时表皮易破裂。

【发病规律】分别由真菌黑刺盘孢菌，辣椒丛刺盘孢菌和辣椒盘长孢菌三种病原菌引起发病。病菌潜伏在种子内或附着在种子表面，或以拟菌核随同病残体在地上越

65

冬。借风雨、昆虫传播。病菌多从伤口入侵。在温度27℃左右，空气湿度95%以上时，病情发展快。相对湿度低于70%，则不利于病菌发育。湿度低于54%，温度适宜也不发病。高温多雨季节发病重。排水不良，种植过密，氮肥偏多，会加重发病。

【防治方法】

（1）农业防治

选用抗病品种或从无病果上选留种。实行轮作。深沟窄墒栽培，合理密植。及时排水。增施磷钾肥，增强植株抗性。发现病叶、病果及时清除，并深埋或烧毁。

（2）药剂防治

种子在温水中预浸泡6~8小时，起水后再在1%硫酸铜液中浸泡5~15分钟，取出种子冲洗，再拌适量草木灰播种。田间发现病株后，即开始喷药防治，每隔7~10天喷一次，连喷数次。可选择以下药剂：77%可杀得500倍液；1:1:200波尔多液（即1斤硫酸铜，1斤生石灰，200斤水）；75%百菌清可湿性粉剂500倍液；70%代森锰锌可湿性粉剂400~500倍液。甲基托布津可湿性粉剂600倍液；50%多菌灵可湿性粉剂500倍液。

2. 辣椒病毒病

辣椒病毒病在云南省内各地均有发生。高温干旱季节发病重，可使辣椒减产40%~80%。

【症状】辣椒病毒病可表现为花叶、黄化、坏死及畸形四大症状。这几种症状有时单独出现，有时可在一株上同时出现。可引起落叶、落花、僵果，严重影响辣椒的产量和品质。

（1）花叶：花叶病毒分为轻型和重型两类。轻型花叶病毒最初表现明脉和轻微褪绿，继而发生浓绿与淡绿相间的斑驳。重型花叶病毒除叶片出现褪绿斑驳外，外面还凹凸不平。叶脉皱缩畸形，植株生长缓慢，严重矮化，果实变小。

（2）黄化：病株从嫩尖幼叶开始变黄，然后出现大量落叶、落花、落果。

（3）坏死：茎、叶、果实出现条斑、坏死斑驳及环斑等。

（4）畸形：病株变形，如叶片变成线状，即厥叶，或植株矮小，分枝极多，呈丛枝状。

【发病规律】辣椒病毒病主要由黄瓜花叶病毒和烟草花叶病毒侵染致病，分别占总发病因的55%、26%。黄瓜花叶病毒的寄主范围很广，可在多年生宿根杂草和保护地蔬菜上越冬，翌年由蚜虫传播。高温干旱，日照过强，辣椒的抗病能力降低，而蚜虫发生量大时，黄瓜花叶病毒引起的病毒病发生严重。烟草花叶病毒在落入土壤里的病组织上和种子上越冬，经汁液接触及微伤口传播，田间作业可以传毒。多年连作，地势低洼，土壤贫薄或施用未腐熟的有机肥等，可加强烟草花叶病毒对辣椒的危害。

【防治方法】

（1）选用抗病品种

一般而言，叶阔而大，果实为灯笼形、肉厚、大果的甜椒，不如叶细长，果实为牛角形、羊角形的辣椒抗病；

耐寒早熟品种不如耐热晚熟品种抗病。

（2）种子消毒

将充分干燥的种子置 70℃ 恒温箱内干热处理 3 天，几乎可杀死全部病原，而不降低种子发芽率。或将种子预浸 3~4 小时后，再用 10% 磷酸三钠溶液浸 20~30 分钟，捞出洗净再播种。

（3）加强农业防治

实行两三年轮作。早播种，早定植，早管理，施足基肥，增施磷钾肥，促使辣椒早发棵。高温来临前早封行，可大大减轻病毒病。炎热夏季使用遮阳网，防止高温和强光曝晒，可显著减轻病毒病危害。中后期保障水肥供应，延缓辣椒衰老，增强抗病性。在苗期和开花结果期喷 2~3 次 0.1%~0.3% 硫酸锌也可减轻发病。

（4）灭杀传播途径

及时、彻底灭蜘、灭螨、灭蚜、灭蓟马。

（5）药剂防治

植病宁 1000 倍液 + 抗毒剂 1 号 200 倍液 + 硫酸锌 800 倍液，30% 毒氟磷 1000 倍液 + 几丁聚糖水剂 300 倍液。此外，喷施细胞分裂素、萘乙酸等对防治病毒病均有一定效果。

3. 辣椒疫病

辣椒疫病俗称"发瘟"。自 80 年代中期以来，全省各地普遍发生。

【症状】苗期和成株期的各器官均可受害，但以成株期受害为主。保护地栽培的首先为害茎基部。露地栽培的在雨季病害流行，为害叶、茎及果实。辣椒幼苗期发病，茎基部呈水浸状软腐，而使苗倒状，病部呈暗绿色。成株期根部受害后变成黑褐色，整株枯萎死亡。茎部多在分叉处发病，有的在茎基部发病。初为暗绿色水浸状，后变成黑褐色、腐烂，发病处以上的枝条枯萎。叶片发病多发生在叶尖或叶缘上，产生近圆形似水浸过的大病斑，后整叶软腐，枯死。果实发病，多从蒂部开始水浸状暗绿色，扩大后遍及整个果实形成软腐，后期果实失水，形成僵果，残留在枝上。湿度大时，各发病部位都可看到稀疏灰白色的霉状物。病部向内凹陷，以病果最明显。若将病组织在却 20℃ 以上温度条件下保湿 24 小时，病斑上可产生白色霉层。这是鉴别该病的简易方法。

【发病规律】辣椒疫病由辣椒疫霉真菌侵染引起。病菌主要随病残体在土壤中越冬，可存活 2～3 年。也有一部分种子带菌。越冬病菌可以直接侵染幼苗。在田间则随雨水反溅到植株下部叶片上，侵入寄主，这为初次侵染。以后在病斑上产生大量孢子，经风、雨、流水传播进行再侵染，病害在田间蔓延。病菌生长发育的适宜温度为 25～30℃。适宜湿度为 85% 以上。

【防治方法】

①实行轮作，2～3 年内不种茄科蔬菜。②选择抗病品种，选用无病种子。③采用深沟高墒，雨后及时排水，防止田间积水。④用地膜或稻草、麦秆覆盖，可大大减少土壤中的病菌通过雨水飞溅到植株上，减轻发病。⑤及时清除病株、病叶、病果，并集中处理，减少再侵染源。⑥药

剂防治：一是种子消毒，除常用的温汤浸种、硫酸铜消毒之外，还可用 72.2% 普力克水剂 600 倍液，或 20% 甲基立枯磷乳油 1000 倍液浸种 12 小时，洗净后播种或催芽。二是定植后喷药或灌根。定植时用 70% 敌克松可湿性粉剂 800 倍液 + 1000 倍高产宝液浇定植穴，消灭土壤中越冬的疫霉菌。发病前喷 1:1:200 波尔多液，或 58% 甲霜灵锰锌可湿性粉剂 400～500 倍液，喷洒叶面、茎基部和地面，防止病菌初侵染。田间发现中心病株后，须及时剪除病株病枝后立即喷一次含铜药剂。可选用 50% 甲霜铜可湿性粉剂 500 倍液，77% 可杀得可湿性粉剂 500 倍液，75% 百菌清可湿性粉剂 800 倍液，每隔 7～10 天 1 次，连续 2～3 次，严重时每隔 5 天 1 次，连续 3～4 次。棚室保护地栽培，在发病初期用 45% 百菌清烟雾剂，每亩次用 250 克，或用 5% 百菌清粉剂，每亩次 1 公斤，每 7～10 天 1 次，连续 2～3 次。

4. 辣椒白粉病

多发生在干制或大棚栽培的辣椒上。露地栽培多在 7～8 月秋旱季节发病。

【症状】辣椒白粉病只危害叶片。得病叶片正面产生无一定形状的黄绿色或淡黄色斑块，边缘不明显。背面出现粉状霉层。最后叶片枯死、脱落。严重时，叶片落光，仅留顶部数嫩叶。

【发病规律】由辣椒拟粉孢霉有性世代内丝白粉菌侵染引起。白粉菌主要以闭囊壳在病残体上越冬。气候适宜时，放出子囊孢子，随气流传播危害。孢子萌发从寄主叶背气孔侵入。在冬季种辣椒的地区，靠病部产生的分生孢子继续危害，无明显越冬现象。天气干燥有利分生孢子传播，但分生孢子萌发一定要有水滴存在。空气比较干燥，气温在 15~18℃ 时，白粉病易流行，有些地区 6 月始发，一直延续到 10 月下旬。

【防治方法】①消除病株残体。采收后深翻土地，减少或消灭越冬菌源。②改善通风透光条件，加强栽培管理，增强植株抗病性。③药剂防治。发病初期喷洒 1.5% 粉锈宁可湿性粉剂 800 倍液，50% 托布津 500~1000 倍液，75% 百菌清 500~800 倍液或 25% 炭露 EC1800 倍液 +6% 大蒜素乳剂。

四、辣椒缺素症

土壤中缺乏某种营养时，辣椒植株表现出特殊反常的"长相"，称为缺素症或生理性病态。根据这种特异长相进行缺肥诊断，可及时采取追肥补救措施。

【缺氮】当氮肥不足时，植株瘦小，叶片较薄而小。叶色由浓绿变成浓绿至黄绿，叶柄、叶基部呈红色，这称为"缺绿"。因光照不足而造成的叶色变黄，称黄化。相反，叶片肥大，叶色浓绿，心叶也呈深绿色，则是氮肥过多。

【缺磷】当磷肥不足时，叶片呈暗绿、有褐斑；叶片厚度小于正常叶，有时畸形；下部叶片的叶脉发红，老叶变褐色。当植株内磷过剩时，叶片尖端白化并枯干，同时出现小麻点。

【缺钾】当钾肥不足时，辣椒植株上的叶片尖端变黄，叶缘坏死、枯干，似火烧，叶面有较大的不规则斑点或斑纹，叶片小，卷曲皱缩，茎的节间变短。土壤中缺铁时，心叶首先黄化、白化。

【缺铁】碱性土壤中溶解态铁较少、易引起缺铁。缺铁时植株出现特殊的缺绿状态，叶片为灰绿色，先端变黄，叶脉间也黄化，从叶片中心开始有黄斑，基部叶片过早脱落，植株矮小，坐果少。

【缺硼】缺硼时辣椒根系生长差，甚至引起烂根；生长点畸形或坏死，停止生长或萎缩；叶色黄，叶柄上产生肿胀环带；花而不实，落花多。

【缺铜】铜元素缺乏时，叶片中的叶绿素含量减少，叶片发白。当辣椒出现以上症状时要及时补充相应的肥料元素。

第五章 云南辣椒主要虫害及综合防治技术

一、害虫类别

寄生于辣椒上，并危害植株体的各种器官，影响辣椒果实产量和品质的昆虫及螨类，称为辣椒害虫。据调查，云南辣椒害虫共有十余种，根据害虫不同的危害方式，又可分为：

1. 咀嚼式口器的害虫

它咬食辣椒各种器官，使其直接受到伤害。根据害虫的生活习性和主要危害的器官不同又可分为：地下害虫、食叶性害虫、蛀果性害虫。

（1）地下害虫

主要潜伏在土壤中，取食种子、幼苗的根，常会咬断植株根茎，造成死苗。如小地老虎。

（2）食叶性害虫

以食叶为主，取食辣椒叶片，形成缺刻、网叶、无叶秃枝。如斜纹夜蛾、烟青虫。有时也食嫩茎。

（3）蛀果性害虫

蛀食辣椒的蕾、花、果，引起落花、落果、烂果，影

73

响产量和质量。如烟青虫，棉铃虫，斜纹夜蛾。

2. 刺吸式口器的害虫

该类害虫群集在辣椒嫩叶、嫩芽、嫩果、嫩蕾及花上，吸食这些器官的汁液，引起卷叶、落叶、落花、植株体停止生长，甚至传播病毒病害。如蚜虫、蓟马等。

二、虫害防治的原理和方法

通过改进栽培技术，创造有利于辣椒生长，却不利于害虫大量繁殖的条件，从而避免或减轻害虫的发生和危害。

1. 农业防治

①合理的耕作制度和布局　如实行轮作，不仅对辣椒的生长有利，而且可恶化害虫的营养条件；深耕土地，实行冻垡晒垡，可以减少辣椒害虫数量。

②合理施肥灌水　施氮肥多，食叶性害虫发生较重。秋旱季节，勤灌水，螨害较轻。

③加强田间管理　消除田间杂草和残株败叶，可摧毁害虫的栖身繁殖场所。及时摘除虫蛀果，可减少虫源。

2. 生物防治

该方法是以虫治虫，以菌（致病的真菌、细菌）治虫，以病毒治虫，或用干扰激素等防治。例如，可以放养捕食性瓢虫防治蚜虫；以寄生性昆虫赤眼蜂等防治棉铃虫；以新型抗生素阿维菌素为主要成分的虫螨克 0.2% ~ 1% 阿维虫清乳油等生物农药对多种害虫及螨类防效很好。对害虫进行生物防治，不毒害人畜也无残毒，不污染环境，害虫也不会产生抗药性。这是以后发展的方向。

3. 物理防治

利用各种物理因素，人工或器械杀灭害虫。如黑光灯及糖醋诱杀成虫；人工捕杀小地老虎；在田间设置涂油黄板，诱杀蚜虫虫效果不错；在温室内设置黄板，还可防治温室白粉虱；田间铺设银灰色薄膜，可驱避蚜虫对辣椒的危害。

4. 化学防治

利用化学药剂防治害虫见效快，效果显著，是防治辣椒害虫最常用的重要方法。使用化学药剂灭虫。要力求用最少的药，达到最好的防治效果；要考虑对人畜的安全，残毒要低；要控制对环境的污染，减少对有益生物的伤害。为此，用农药灭虫必须注意以下几点：

①对虫下药 选用高效低毒，低残留的农药进行防治。防治咀嚼式口器的害虫，一般可选用多种杀虫剂；防治蚜虫，蓟马等刺吸式口器的害虫选用内吸性农药；防治红蜘蛛，茶黄螨等选用杀螨剂。严禁使用剧毒农药。如氧化乐果、甲胺磷等。也禁止使用高残毒农药，如六六六等有机氯制剂。提倡使用高效低毒的各种菊醋类农药以及敌百虫，辛硫磷等低毒农药。

②适时用药 在害虫幼龄期，群集在产卵部位尚未分散危害时用药，也就是治虫要治小，要用较少的药收到较高的防治效果。特别是对蛀果型害虫。

③掌握正确的施药方法和配药技术 防治地下害虫采取施用毒饵、毒土，或用颗粒剂及往土中浇灌药液的方法

治虫。对付地上部分的害虫采取喷雾法。配药时要注意浓度准确，搅和均匀，现配现用。

④保证施药质量　施药时力求均匀周到，植株上下，叶子正反面都要喷到药。许多幼虫多在叶背面，叶片背面要重点喷药。田埂、路边也要喷药。宜选晴天下午或阴天施药。

⑤合理混用和轮换使用药剂　选择两种或两种以上同类不同作用的农药或不同类可混用的农药混合使用一般农药还可与高产宝混用，可起到增效作用，又能增加肥效，省工省时。合理混用药剂，还可克服和防止害虫产生抗药性。例如菊醋类农药和有机磷农药混用，可提高防效，防止害虫产生抗药性。为防止害虫的抗药性，还可采用药效类似而施用方式不同的几种农药轮换使用。

⑥保证安全间隔期　安全间隔期就是最后一次施药距采收的天数。不同的农药在不同季节、不同作物上使用的安全间隔期不同。多数农药在夏季使用时，直接施用于蔬菜上，安全间隔期一般在 7~10 天以上。防治辣椒害虫要尽可能选用安全间隔期为 2~3 天的农药，并在用药后 7~10 天以上采收。

三、辣椒的主要虫害及其防治

1. 蚜虫

蚜虫是危害辣椒最严重的刺吸性害虫，一年危害辣椒有多次高峰期。

【形态、习性及危害】蚜虫属同翅目蚜科。危害辣椒的蚜虫主要是挑蚜，其次是瓜蚜、棉蚜。蚜虫虫体很小，柔软，触角长，腹部上有一对圆柱突起，叫"腹管"，腹部末端有一个突起的"尾片"。蚜虫分有翅蚜和无翅蚜两类。有翅蚜可以迁飞，而无翅蚜只能爬动。蚜虫对黄色，橙色有很强的趋性，而对银灰色有负趋性。蚜虫是以成虫和若虫寄生在叶片上刺吸汁液，造成叶片变黄、卷缩。蚜虫可传播多种病毒，加重病毒病发生。蚜虫繁殖力强，发育快，云南一年可繁殖30~40代，一头雌蚜可产仔数十头至百余头。温暖干燥有利于蚜虫繁殖。多雨，尤其是暴雨对蚜虫有毁灭作用。云南1~2月辣椒苗有蚜株率可达10%~30%。春暖后随着气温的升高，进入苗期危害的高峰期。大田间4月下旬是蚜虫初发期，5月上旬为盛发期。5月下~6月上旬，7月~8月上旬是两个发生高峰期。

【防治方法】①消除田园周围杂草，减少蚜源。②黄板诱蚜，银灰膜驱蚜。③药剂防治：应在蚜虫迁飞扩散之前或在点片发生阶段及时喷药。由于蚜虫多在心叶及叶背面，难于全面、彻底喷药触杀，所以除注意细致周到的喷药之外，在药剂选择上要尽量选择兼有触杀、内吸、熏蒸三重作用的农药。但是这种药残效期长，安全间隔期6天以上，所以在辣椒采收期，尤其是采收盛期不宜使用。将乐果加1~2倍的食用醋，再兑水1000倍液，可提高防效。

2. 红蜘蛛

【形态、习性及危害】红蜘蛛属蛛形纲蜱螨目叶螨科。成虫虫体很小，体色差异大，一般多为红色或锈红色。幼虫更小，近圆形，色泽透明，取食后体色变暗绿。幼虫蜕皮后称为若虫，体椭圆形。红蜘蛛一年可繁殖 12～20 代，4～7 天可繁殖一代。高温干旱天气最适宜红蜘蛛繁殖。但气温在 34℃ 以上和降雨多时，繁殖就受到抑制。红蜘蛛的幼虫，若虫，成虫均群集在叶背面吸取汁液。植株下部叶片先受害，逐渐向上扩展。被害叶显桔黄斑，严重时全叶变枯，以至落叶，甚至全田呈橘黄带红色，如火烧一般。5 月下旬开始扩散危害，6 月上旬以后危害加重，7 月至 9 月上中旬是危害高峰期，主要在高温干旱的秋季对晚辣椒造成危害。

【防治方法】①结合冬耕，铲除田边地角杂草，减少越冬虫源。②在红蜘蛛点片发生阶段及时喷药。可选用阿维虫清 3000 倍液或用 30% 固体石硫合剂 2000～3000 倍液，45% 微粒硫胶悬剂 3000～4000 倍液，20% 灭扫利乳油 1000 倍液。药剂应交替使用，重点喷在叶片背面。

3. 蓟马

【形态、习性及危害】蓟马成虫虫体很小，长条形，淡黄色，背面黑褐色。若虫与成虫形态相似。一般一年发生 10 代左右，多以成虫或若虫在表土或枯枝落叶间越冬。温暖干旱天气有利其发生。久雨、暴雨、潮湿天气不利于该虫发生危害，骤然降温会引起大量死。蓟马成虫具有向上、喜嫩绿的习性，能飞善跳、畏强光。白天多隐蔽在叶背或生长点、花中。以成虫和若虫刺吸心叶、花和幼果的汁液。被害辣椒植株心叶不舒展，生长点萎缩，嫩叶扭曲，花器脱落，幼果受害后变畸形，表皮锈褐色，引起落果。

【防治方法】①清除杂草，减少虫源。不要在蓟马发生严重的烟草、油菜田附近种辣椒。如果已经种植，要注意周边田块的防治。②当每株虫量为 3 ~ 5 头时，应喷药防治。可选用 50% 巴丹 2000 倍液或 20% 灭扫利乳油 1000 倍液等，需连续防治 2 ~ 3 次才能收到良好效果。

4. 烟青虫

烟青虫又叫烟夜蛾，是危害辣椒果实最严重的害虫。如不防治，蛀果率可达 30% ~ 80% 。

【形态、习性及危害】烟青虫属鳞翅目夜蛾科。其成虫是中型蛾子。成虫昼伏夜出，对黑光灯有较强趋性，对杨柳树枝也有趋性。对糖醋液趋性较弱。卵散产于植株中上部叶背面叶脉处及果实上，以蛹在土壤中越冬。成熟幼虫体长 35 ~ 45 毫米，体色变化大，有淡绿、黄白、淡红、黑紫等色。前胸气门两根侧毛与气门不在一条直线上，体表小刺圆锥形，短而钝。1 ~ 2 龄幼虫蛀食花蕾。3 龄幼虫开始蛀果危害，有钻果危害习性，钻果时间多在下午。每头幼虫可蛀果 6 ~ 7 个或多达 10 来个。被蛀果易脱落或腐烂。烟青虫一般一年发生 4 ~ 5 代，第一代危害早辣椒，造成的损失较严重。第二、三代危害中晚熟辣椒，造成的损失最严重。一年中随温度的升高，发生及危害逐渐加强。7 ~ 8 月发生量大。

【防治方法】①冬季翻耕灭蛹，减少越冬虫源。②黑

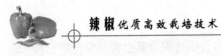

光灯，杨柳树枝把诱杀成虫。也可在旱辣椒地附近栽种烟草地带，以引诱越冬成虫集中产卵，便于消灭。另外，喷1%～2%的过磷酸钙有驱赶烟青虫、棉铃虫成虫的作用，因此可减少田间产卵量，减轻危害。③及时摘除被蛀食的辣椒果，消灭果内幼虫。④药剂防治：在初龄幼虫蛀果前喷药效果才好。可选用20%杀灭菊酯2000～3000倍液，50%辛硫磷1000倍液。喷药应着重喷植株上部的幼嫩部位。最好在下午至傍晚进行喷药。

5. 棉铃虫

棉铃虫是蛀食辣椒果实的重要害虫。

【形态、习性及危害】棉铃虫属鳞翅目夜蛾科。其成虫的体型比烟夜蛾稍大。成虫夜间交配，卵散产于植株顶部的嫩叶、嫩梢、果柄上。成虫对黑光灯有较强趋性。对糖醋酒趋性较弱。对半枯萎的杨柳树枝气味有趋性。老熟幼虫体长30～42毫米。头黄褐色。体色变化很大，有绿色、淡红色、黑紫色、黄白色等。两根前胸侧毛连线与前胸气门下端相交或相切。体表布满小刺，刺长而尖。初孵幼虫取食嫩叶尖及小花蕾。2～3龄开始蛀害蕾、花、果，4～5龄频繁转果蛀食。早期幼虫喜食青果，近老熟时期则喜食成熟果及嫩叶。一头虫可危害3～5个果，引起果实腐烂、脱落。棉铃虫以蛹在土中越冬。棉铃虫一年发生4～5代，以第二代危害最严重。

【防治方法】①冬耕冬灌，消灭越冬源。②在成虫羽化盛期，利用黑光灯或杨树枝诱杀成虫。③药剂防治选用

20％杀灭菊酯2000～3000倍液，50％辛硫磷1000倍液喷
施。喷药应着重喷植株上部的幼嫩部位。最好在下午至傍
晚进行施用。